작은 강아지를 위한 스웨터&소품

DOG'S SWEATER & GOODS

Green Home

contents

M

N

O

P

Q

R

S

T

U

강아지 모델
프로필

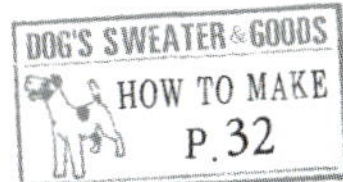

뜨개질을
하기 전에

화이트와 블랙의 조화가 돋보이는
하운즈투스hounds tooth 체크무늬의 재킷.
깜찍한 하트모양의 단추가 포인트이다.

4

핑크색 모헤어 실로 꽃모티브를 떠서 이은 스웨터.
색이 고운 핑크빛이 하얀 털의 강아지와 잘 어울려
더욱 사랑스러워 보인다.

산뜻한 블루에
하얀 라인으로 포인트를 준
세일러 칼라의 마린룩 스웨터.

굵은 회색 털실로만 떠서
세련된 멋이 느껴지는 두툼하고 큼직한 벌키bulky 스웨터.
등에 꽈배기무늬를 넣어 포인트를 주었다.

D
DOG'S SWEATER & GOODS
HOW TO MAKE
P. 39

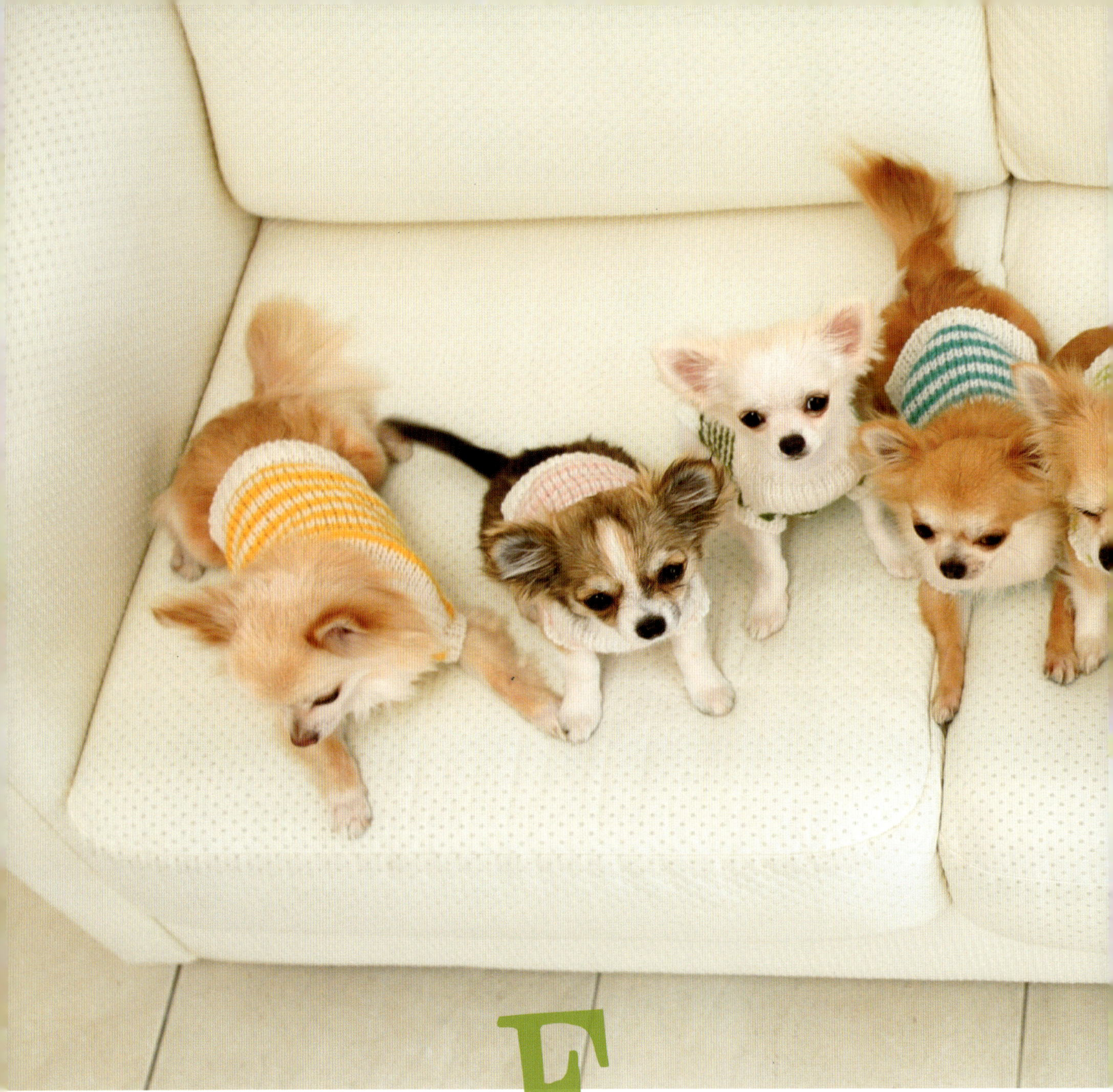

E

DOG'S SWEATER & GOODS
HOW TO MAKE
P. 40

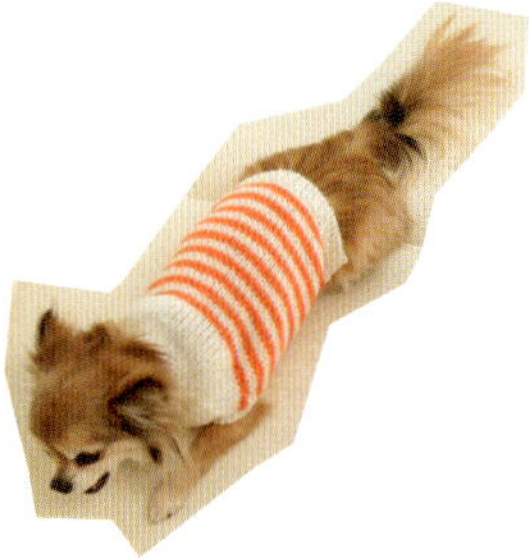

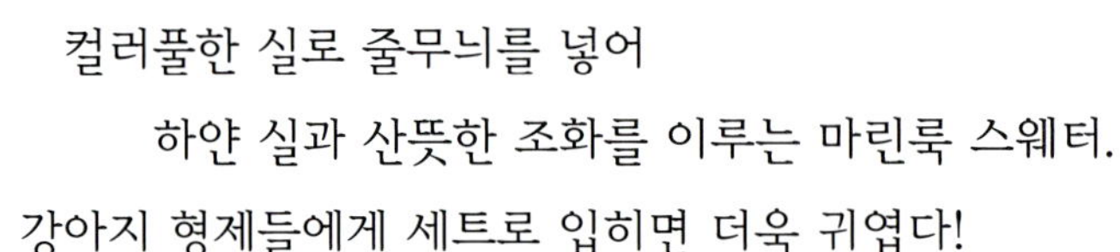

컬러풀한 실로 줄무늬를 넣어
하얀 실과 산뜻한 조화를 이루는 마린룩 스웨터.
강아지 형제들에게 세트로 입히면 더욱 귀엽다!

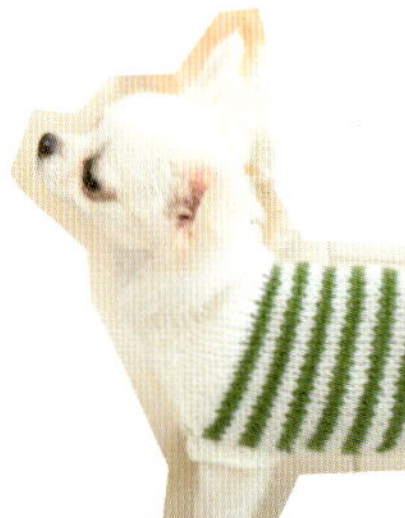

둥근 요크yoke장식이 멋스러운 스웨터.
갈색 계열의 세 가지 색을 잘 조화시켜
클래식한 분위기를 연출하였다.

칼라와 단추를 단 셔츠 스타일의 재킷 스웨터.
카키와 베이지색의 매치로
오렌지색이 더욱 산뜻하다.

DOG'S SWEATER & GOODS
HOW TO MAKE
P. 44

핑크색 실로 다이아몬드무늬를 뜨고,
등에 꽃모티브를 떠서 달았다.
사랑스러운 여자아이에게 잘 어울린다.

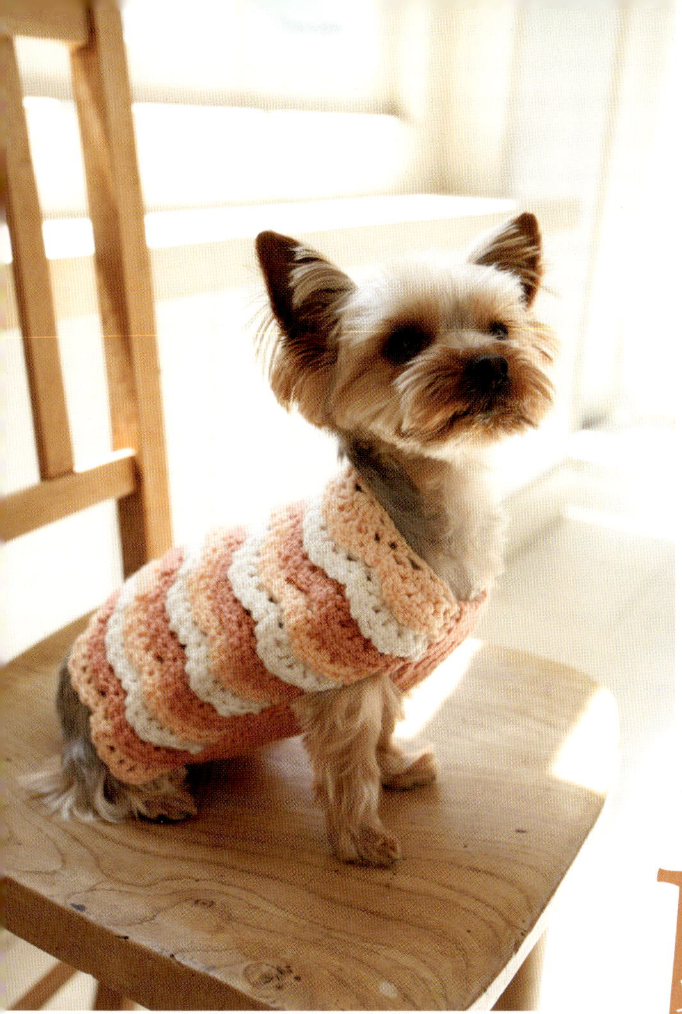

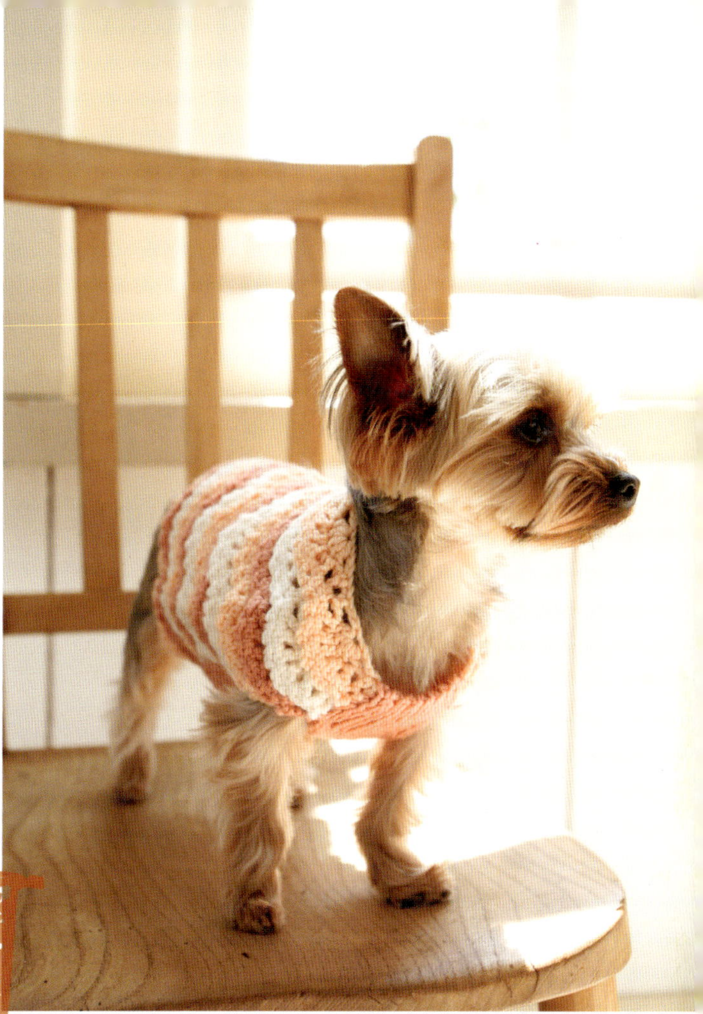

DOG'S SWEATER & GOODS
HOW TO MAKE
P.48

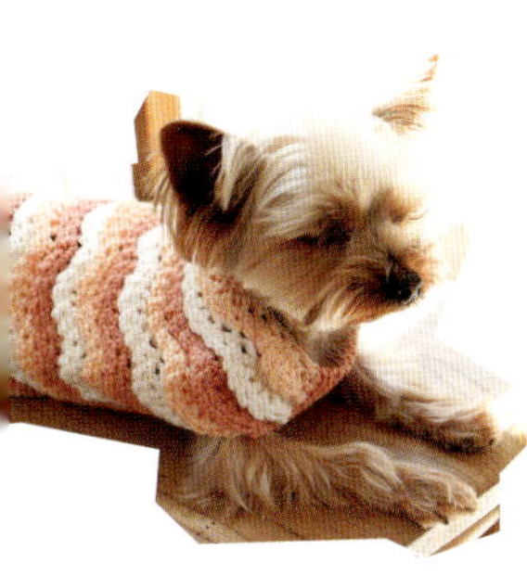

물결모양으로 뜬 프릴을 겹쳐서 만든 스웨터.
세 가지 색으로 그라데이션을 주어
귀여움이 더욱 돋보인다.

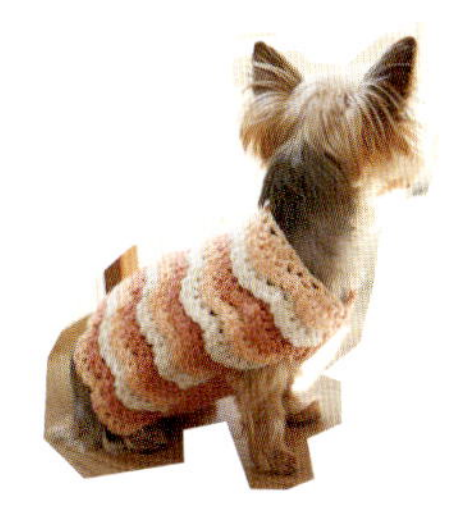

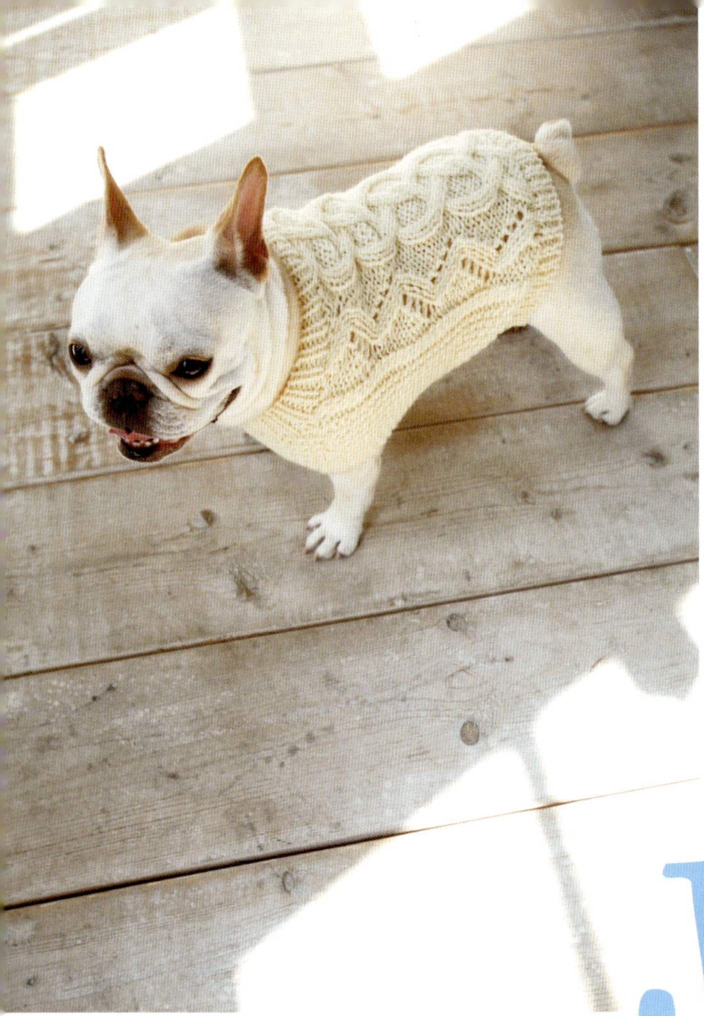

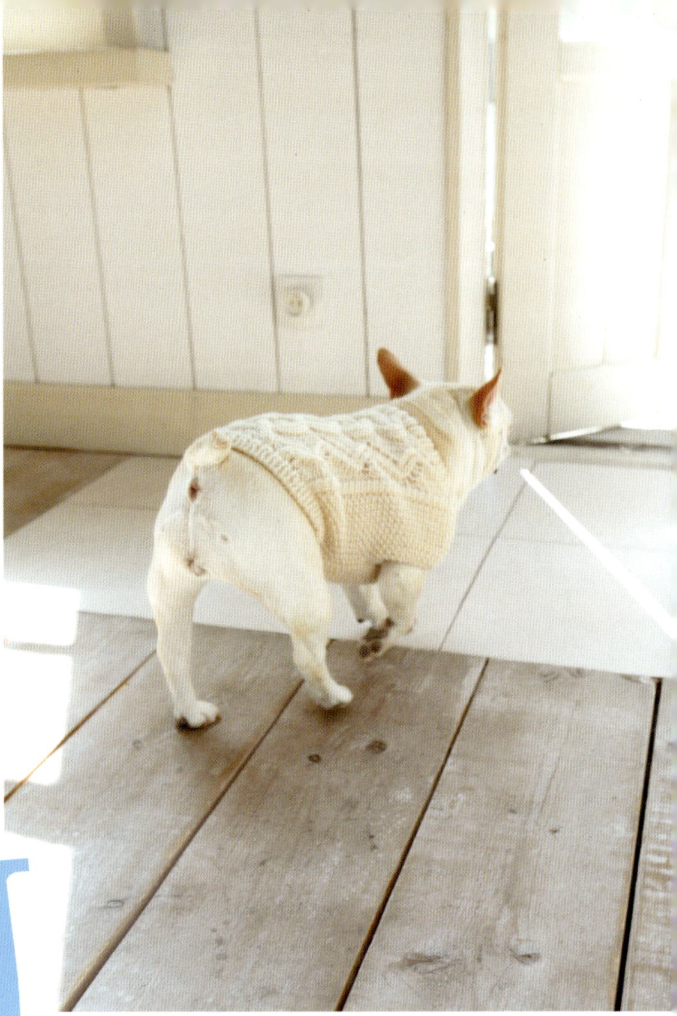

J

DOG'S SWEATER & GOODS
HOW TO MAKE
P.50

고급스러운 아이보리색 스웨터.

등에 넣은 아란alan무늬가 멋스럽다.

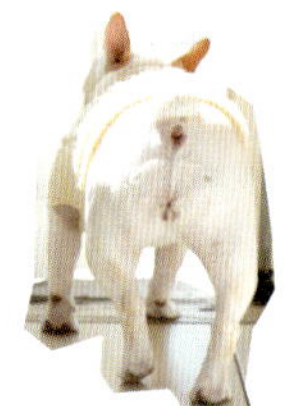

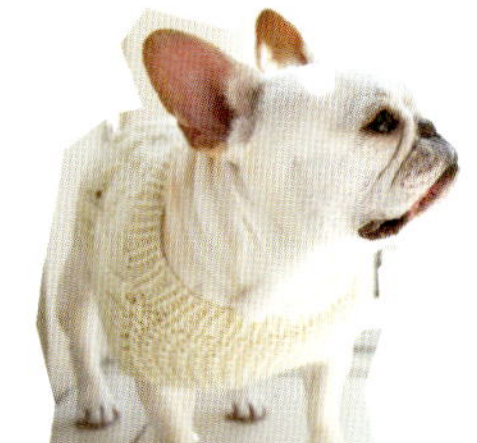

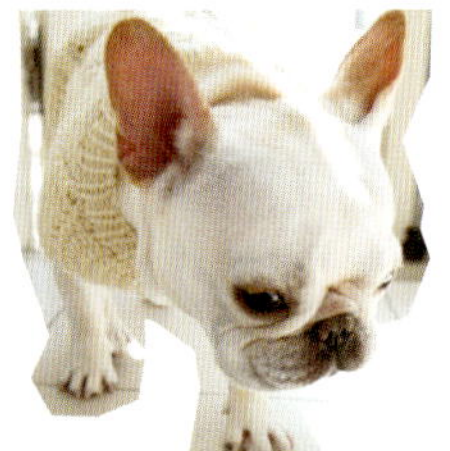

올록볼록 입체감 있는 무늬의 숄더백.
산책이나 짧은 외출에 사용하기 좋다.

오렌지와 레몬색으로 과일무늬를 넣은 두 종류의 스웨터.
무늬가 많은 등과는 달리,
앞에는 하나만 넣어 포인트를 살렸다.

강아지 스웨터와 같은 스타일로 뜬
주인의 핸드 워머.
멋진 페어룩으로 산책이 더욱 즐겁다!

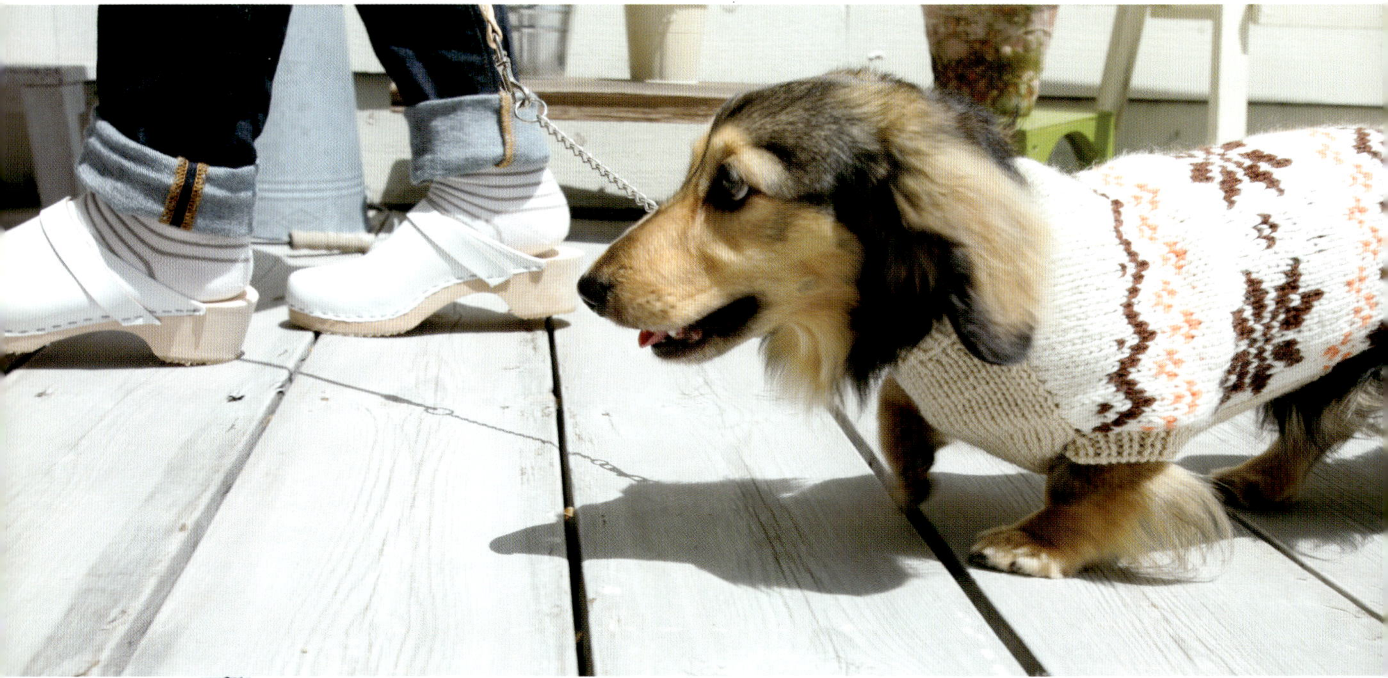

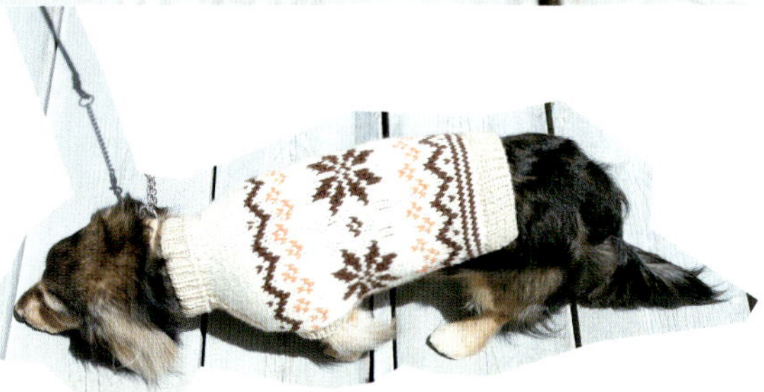

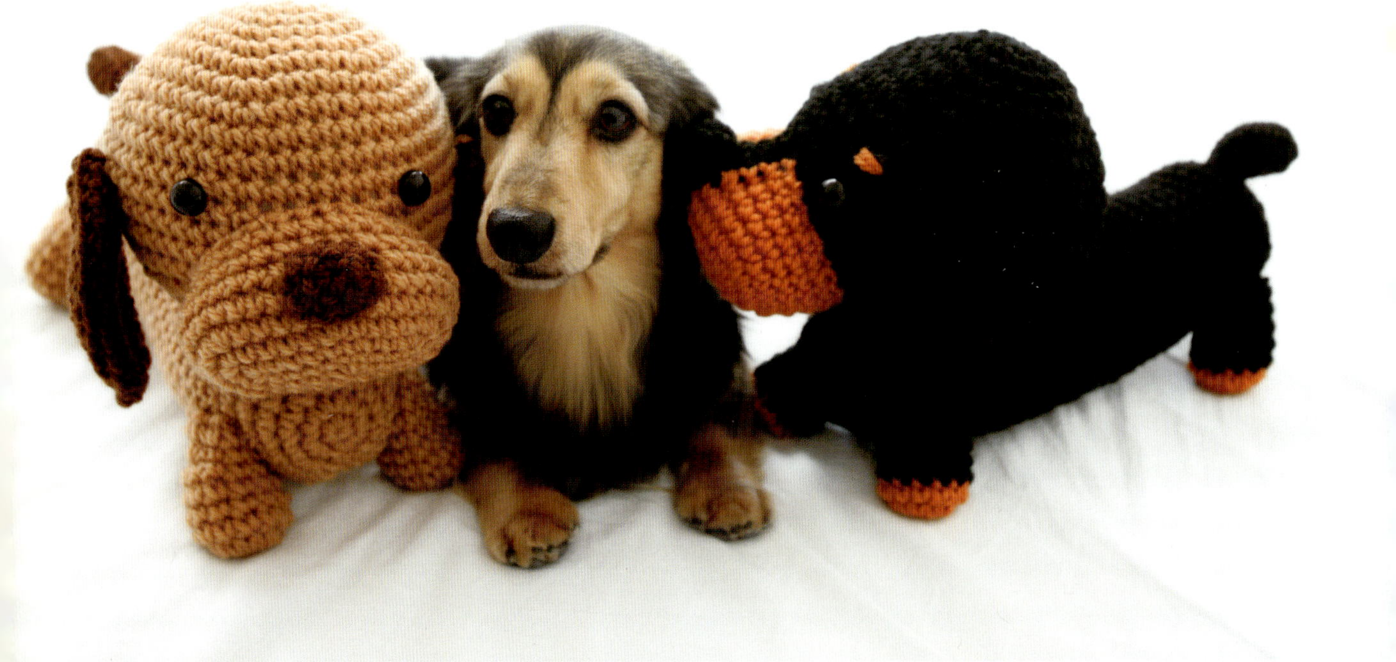

두 종류의 닥스훈트 모양의 손뜨개 인형.

레드와 블랙탄 중에서 어느 쪽이 더 마음에 드나요?

O

하트와 다람쥐, 하트와 사슴 무늬를 넣은
노르딕 스타일의 파카.
후드에 달린 방울이 귀엽다.

밑단에 프릴을 달아 깜찍함을 뽐낸 스웨터.
귀여운 여자아이에게 잘 어울린다.

소녀풍의 얇은 레이스 니트.
끈 끝에 꽃모티브를 다니 연둣빛 니트가 더욱 돋보인다.

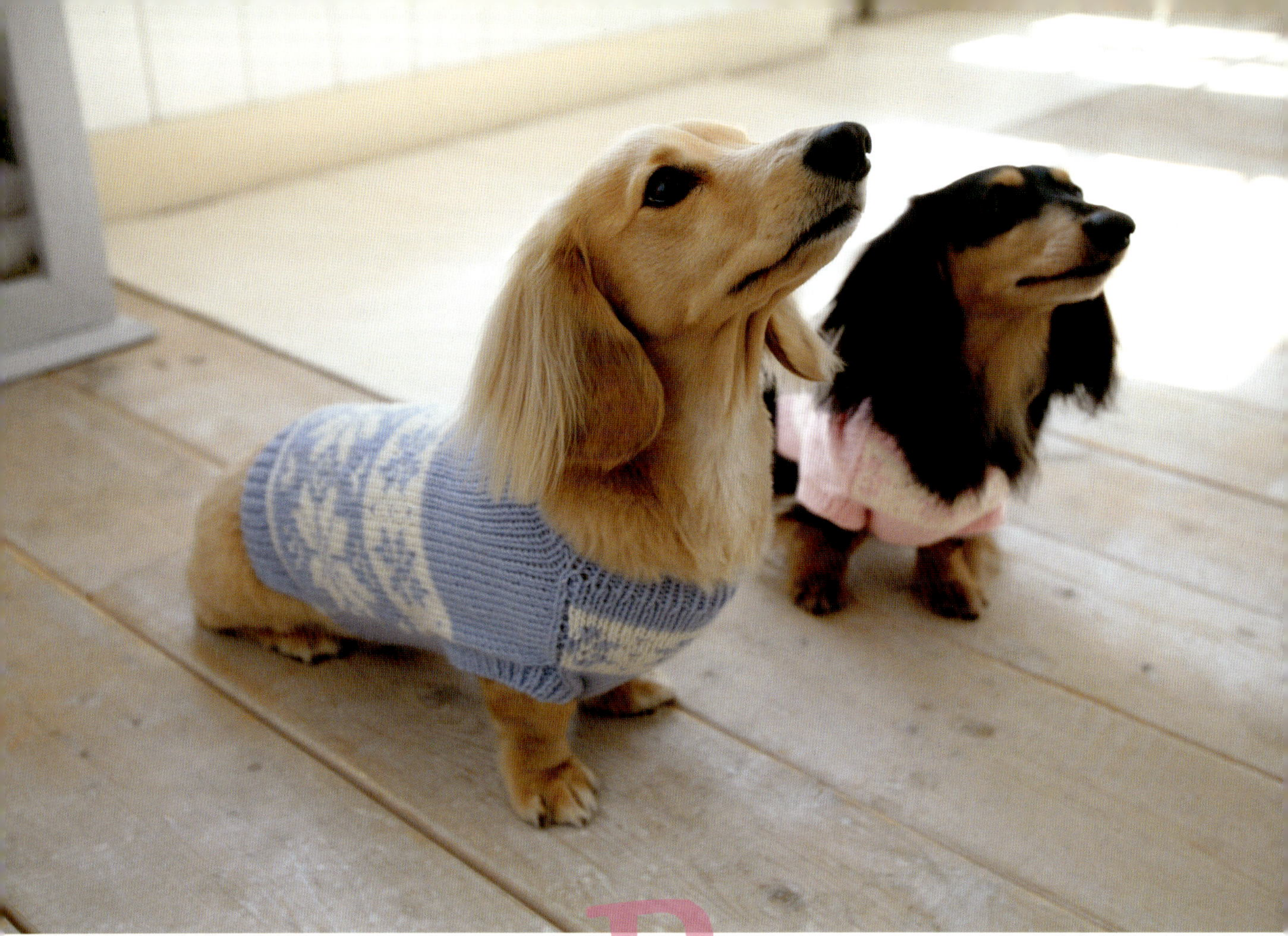

강아지의 노르딕 스웨터와

주인의 핸드 워머로 커플룩 완성.

핑크와 블루, 마음에 드는 색으로 떠 보자.

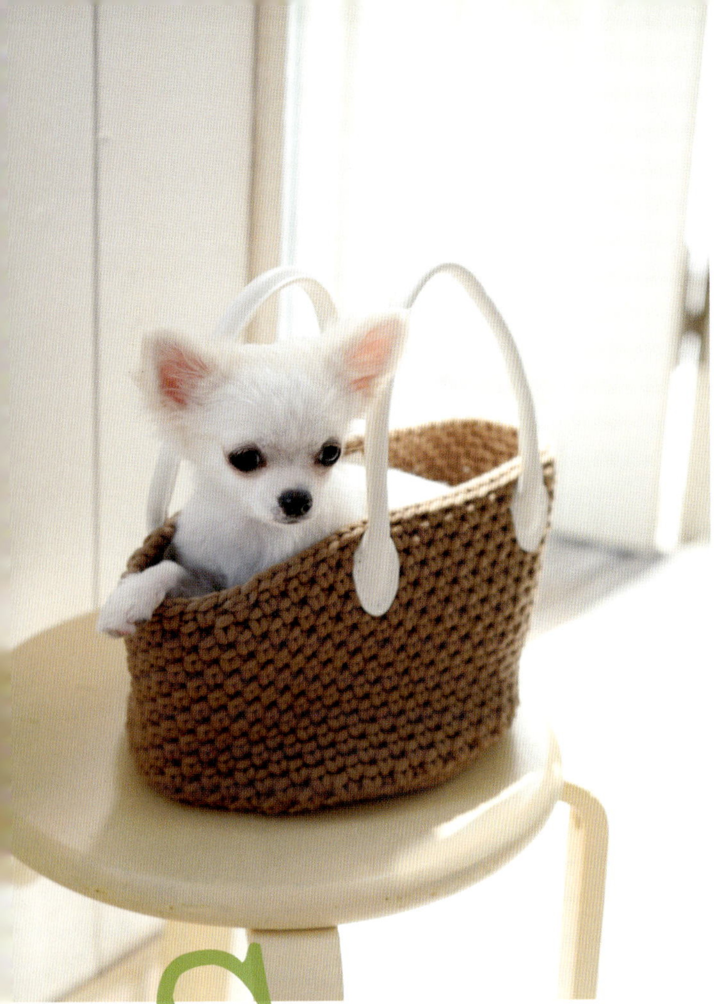

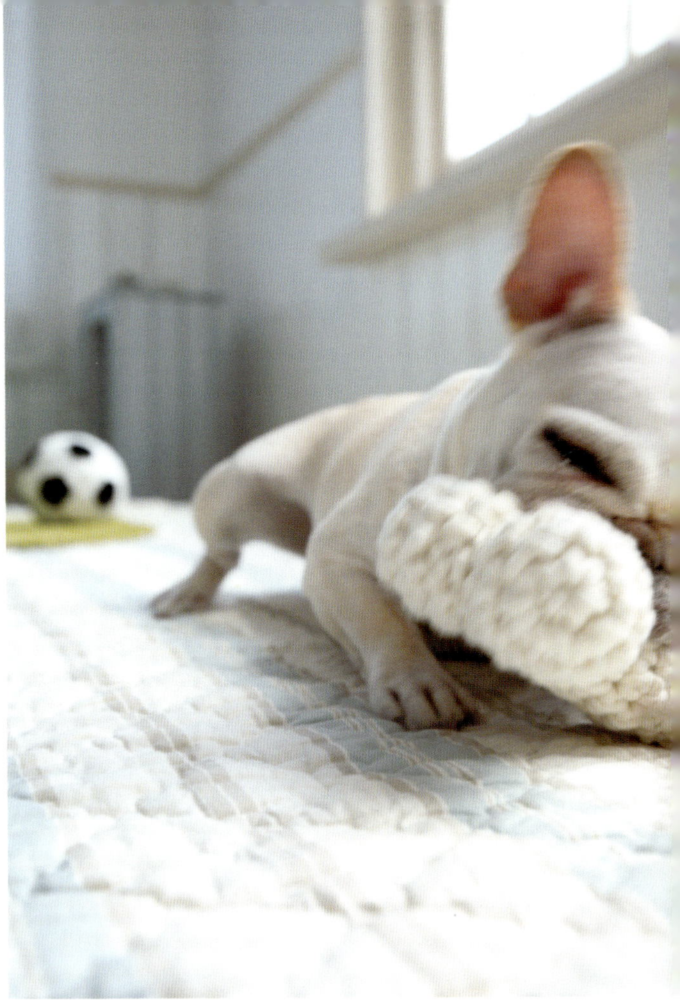

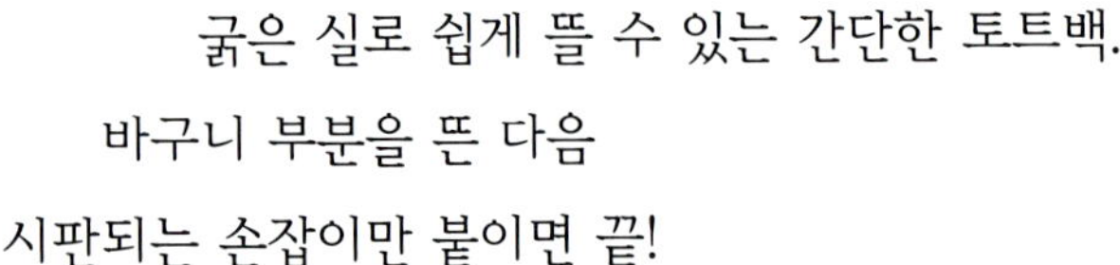

굵은 실로 쉽게 뜰 수 있는 간단한 토트백.
바구니 부분을 뜬 다음
시판되는 손잡이만 붙이면 끝!

굵은 실로 금방 뜨는
축구공과 뼈다귀 모양의 니트 장난감.
한창 개구쟁이처럼 뛰어노는
강아지에게 선물하면 어떨까?

강아지 모델 PROFILE

♀ ML

데비
(와이어 폭스 테리어)
SIZE 27 / 46 / 33 　　　1살 6개월

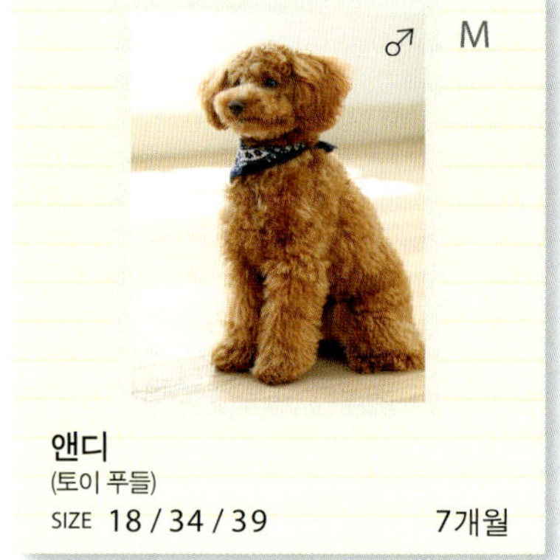

♂ M

앤디
(토이 푸들)
SIZE 18 / 34 / 39 　　　7개월

♀ M

아쿠비
(캐벌리어 킹 찰스 스패니얼)
SIZE 27 / 39 / 36 　　　1살 10개월

♀ ML

비비안
(프렌치 불도그)
SIZE 32 / 46 / 30 　　　2살 11개월

♂ M

유즈히코
(미니어처 닥스훈트)
SIZE 23 / 34 / 32 　　　4살 7개월

♂ ML

앗슈
(미니어처 닥스훈트)
SIZE 29 / 45 / 42 　　　4살 3개월

M ♀　　♀ M

치이
(파피용)
SIZE 20 / 35 / 24.5 　　8살 11개월

케이
(파피용)
SIZE 22 / 37 / 25.5 　　4살 2개월

♂ M

쵸시노스케
(카닌헨 닥스훈트)
SIZE 23 / 36 / 28 　　　4살 7개월

타코
(말티즈)
SIZE 21 / 27 / 37   2살 2개월
♀ M

온
(미니어처 슈나우저)
SIZE 30 / 56 / 40   3살 11개월
♂ L

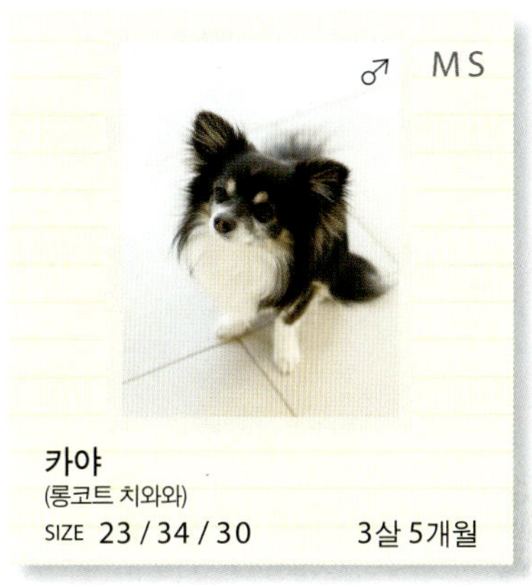

카야
(롱코트 치와와)
SIZE 23 / 34 / 30   3살 5개월
♂ MS

레몬
(토이 푸들)
SIZE 25 / 38 / 30   1살 9개월
♂ M

시폰
(토이 푸들)
SIZE 19 / 35 / 32   1살 3개월
♀ M

안즈
(요크셔 테리어)
SIZE 16 / 26 / 24   2살 5개월
♀ S

왼쪽부터	SIZE		
호쿠토	19 / 29 / 22	4살 5개월	M S
루츠	17 / 26 / 22	4개월	S S
럭키	15 / 25 / 21	4개월	S S
아이나	21 / 36 / 26	7살 4개월	M S
킷토	18 / 28 / 22	2살 11개월	S
키사키	19 / 29 / 23	2살 11개월	S
치나	21 / 35 / 25	8살 8개월	M S
파이트	19 / 32 / 26	4살 11개월	M S
미코	21 / 33 / 23	5살 4개월	M S

※ 강아지의 연령은 촬영 당시(2009년 5월) 나이다.

HOW TO MAKE

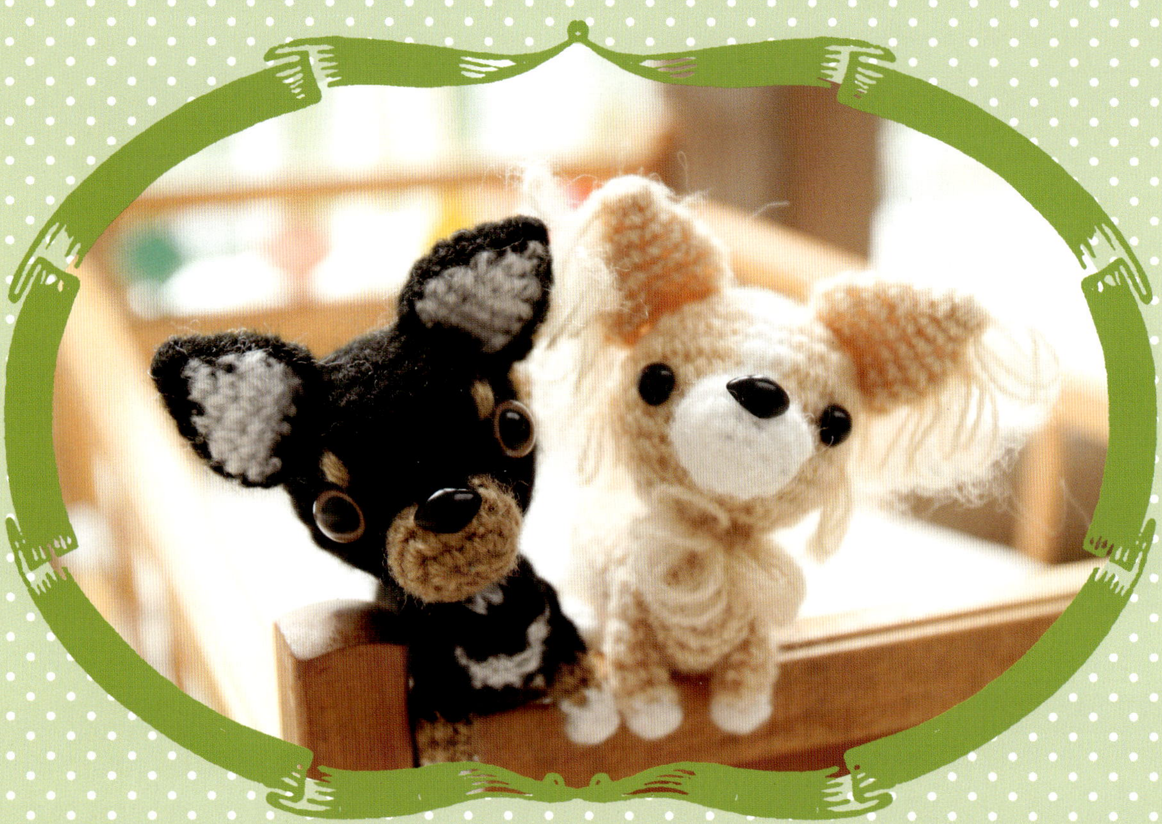

DOG'S SWEATER & GOODS
HOW TO MAKE
P. 73

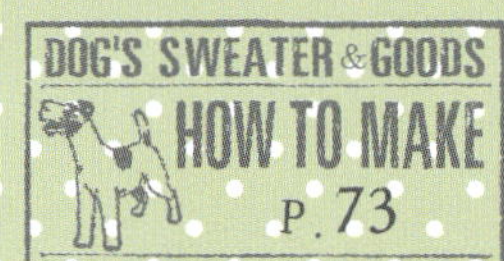

뜨개질을 하기 전에

 이 책에 소개된 스웨터는 각 모델견의 사이즈에 맞추어 만들었다. 사이즈는 같은 견종이라고 해서 모두 같을 수 없으므로, 먼저 반려견의 몸통둘레와 등길이를 잰 다음, 사이즈가 비슷한 스웨터를 선택하기 바란다.

※ 이 책에서는 각 작품을 SS, S, MS, M, ML, L 등 6종류의 사이즈로 나누어 몸통둘레와 옷길이를 표기하였다. p.30에 소개한 모델견의 사이즈를 참고하기 바란다.

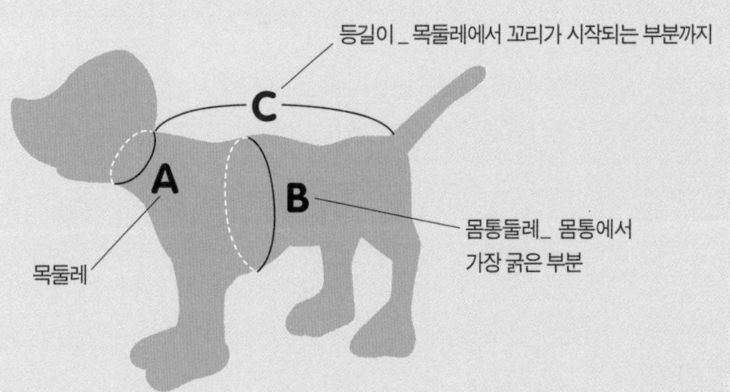

 사이즈에 맞는 옷이 없으면 길이(단수)나 폭(콧수)을 늘리거나 줄여서 조정한다. 또한 뜨개바늘의 호수를 1~2호 바꿔서 뜨면 사이즈를 각각 1~2cm 크거나 작게 조정할 수 있다.

 니트는 신축성이 있어서 반려견의 몸 사이즈와 약간 달라도 괜찮다. 추위를 잘 타는 강아지나, 허리를 따뜻하게 해주어야 하는 노령견에게는 천보다 움직이기 편하고 따뜻한 니트 스웨터를 입혀주는 것이 좋다.

 단위는 cm이다.

 모든 작품은 일본 하마나카사의 실을 사용하였다(이 실은 수입되어 판매되고 있다).

하운즈투스 체크무늬 재킷

재 료 실 : 엑시드울(Exceed Wool) FL
검은색(230번) 70g
흰색(201번) 50g
단추 : 하트모양 5개

도 구 대바늘 4mm, 3.5mm

게이지 배색뜨기 23코×25단(10cm²)

뜨개질 포인트

하운즈투스 체크무늬는 4mm 대바늘, 가장자리의 가터뜨기는 3.5mm 대바늘로 뜬다. 앞판과 소매는 좌우 대칭되게 1장씩 뜬다. 각 부분을 다 뜨면, 먼저 몸판과 소매를 맞대어 꿰매어 연결한 후 소매의 배래와 몸판의 옆선을 잇는다. 잇는 방법은 모두 꿰매기로 한다(편물의 겉을 보며 꿰맨다). 칼라는 옷을 입혔을 때 편물의 겉면이 나오도록 몸판의 안을 보며 코줍기를 한다. 양쪽 가장자리는 10코씩 줍는다. 오른쪽 앞섶에 단춧구멍 3개를 만든다.

---

front

40

back

28

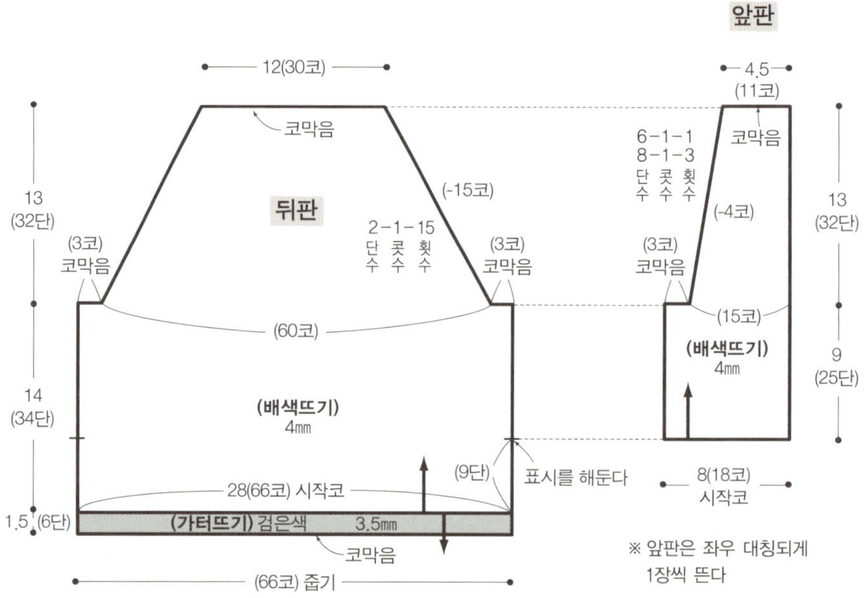

뒤판

12(30코)

코막음

(-15코)

2-1-15
단 콧 횟
수 수 수

(3코) 코막음

(3코) 코막음

(60코)

13 (32단)

14 (34단)

(배색뜨기) 4mm

28(66코) 시작코

(9단)

표시를 해둔다

1.5 (6단)

(가터뜨기) 검은색 3.5mm

코막음

(66코) 줍기

앞판

4.5 (11코)

6-1-1
8-1-3
단 콧 횟
수 수 수

코막음

(-4코)

(3코) 코막음

(15코)

(배색뜨기) 4mm

13 (32단)

9 (25단)

8(18코) 시작코

※ 앞판은 좌우 대칭되게 1장씩 뜬다

오른쪽 소매

11(26코)

5코 그대로
2-7-3 } 되돌아뜨기

2 (6단)

코막음

16 (42단)

(-10코)

▲ 뒤판

앞판 (-11코)

●

오른쪽 소매

(배색뜨기) 4mm

(3코) 코막음

22(50코)

20(46코) 시작코

◎ (+2코)

5(12단)

1 (4단)

(가터뜨기) 3.5mm 검은색

코막음

(46코) 줍기

14 (36단)

▲ = 3단평
4-1-9
3-1-1 } (-10코)

● = 2단평
2-1-6
4-1-5 } (-11코)

◎ = 3단평
4-1-1
5-1-1 } (+2코)
단 콧 횟
수 수 수

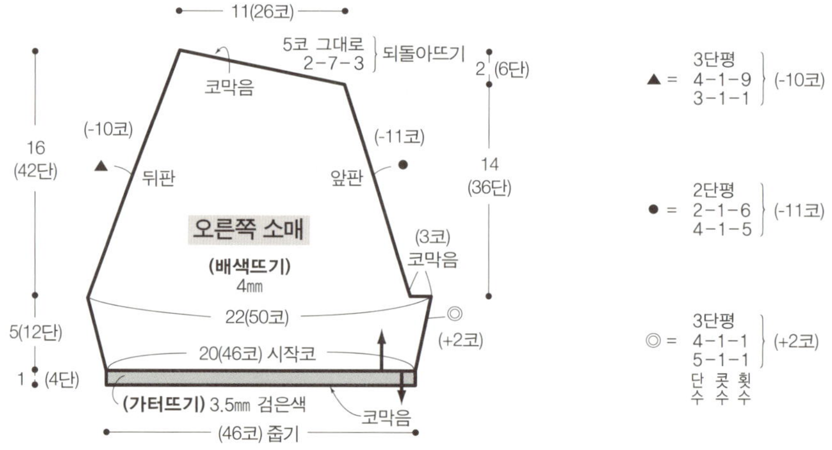

※왼쪽 소매는 오른쪽과 대칭되게 뜬다

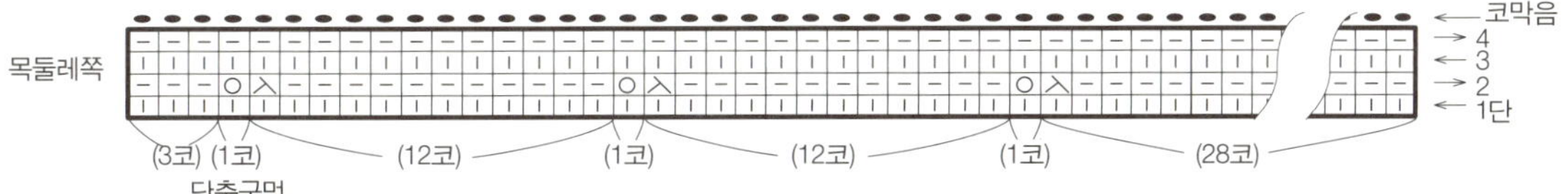

배색뜨기 (1무늬 4코×4단)

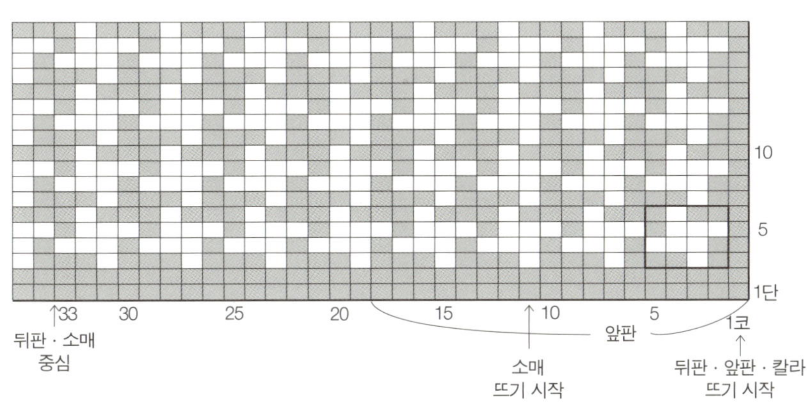

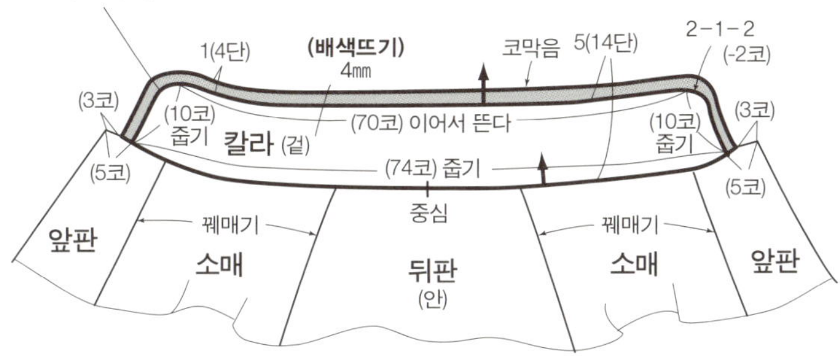

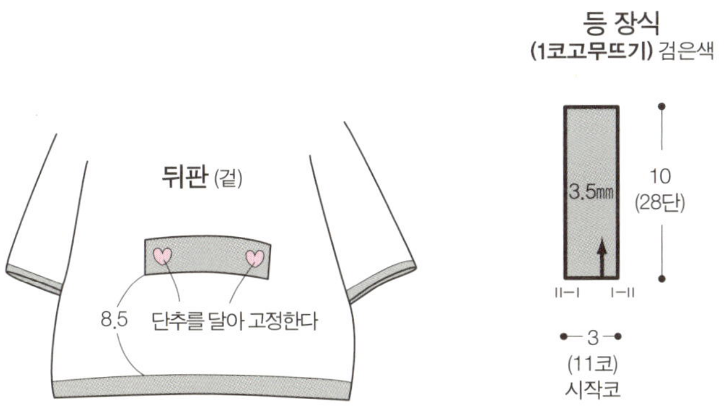

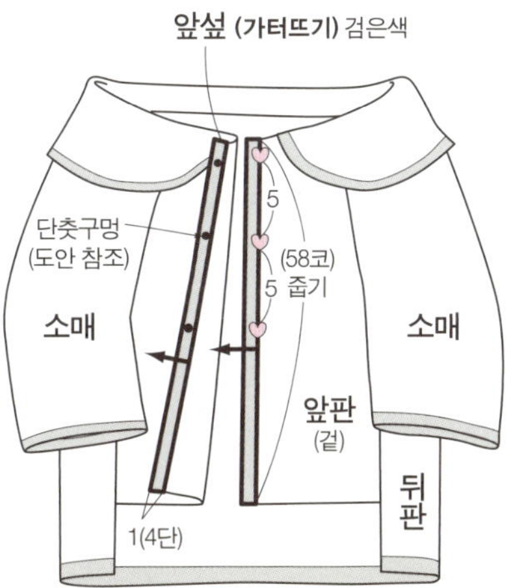

SIZE
M

세일러 칼라의 마린룩 스웨터

재 료 실 : 엑시드울 L
블루(323번) 100g
흰색(301번) 조금

도 구 대바늘 4mm, 코바늘 5/0호

게이지 메리야스뜨기 28코×24.5단(10cm²)

뜨개질 포인트

앞판은 시작코를 만들어 1코고무뜨기로 60단을 뜨고, 다음 단부터 좌우를 각각 뜬 후 앞트임을 만든다. 오른쪽의 15코를 뜬 후 1코 감아코를 만들어 16코를 만든 다음, 10단을 뜨고 쉰다. 왼쪽은 중심코에 새로운 실을 이어 16코로 10단을 뜬다. 이때 좌우 모두 트임단의 코를 주의한다. 무늬도안처럼, 뜨고 나서 칼라를 접었을 때 칼라 트임단의 코가 겉뜨기 2코가 되게 한다. 칼라를 다 뜨면, 칼라의 겉을 보고 가장자리에서 3코째 안코에 코바늘을 사용하여 흰색 실로 체인스티치를 수놓는다.

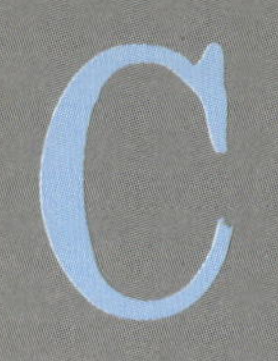

front

back

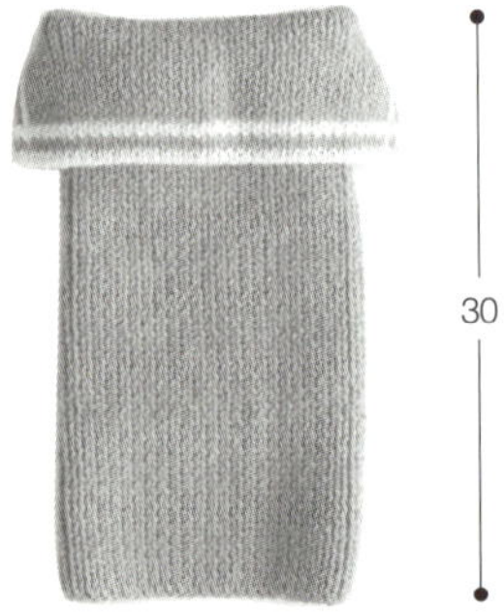

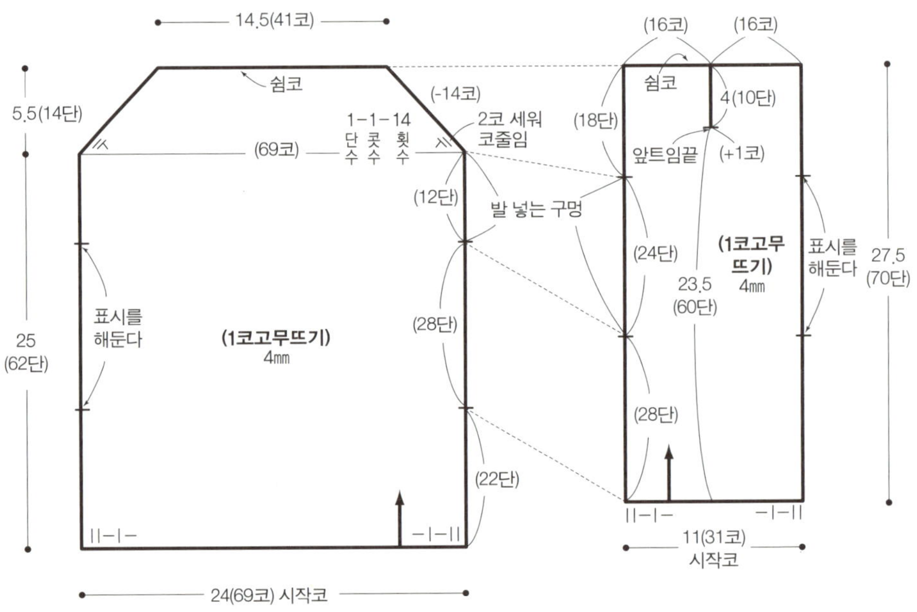

뒤판

앞판

※ 정해진 경우 이외에는 모두 파란색으로 뜬다

1코고무뜨기 (1무늬 2코)

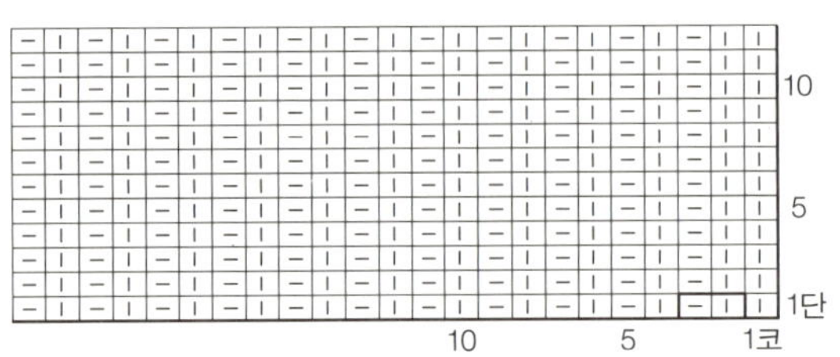

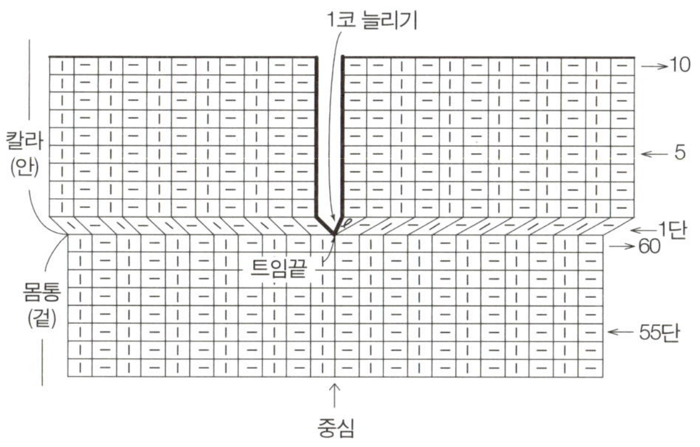

앞트임 뜨는 법
1코 늘리기
10
5
1단
60
55단
트임끝
칼라
(안)
몸통
(겉)
중심

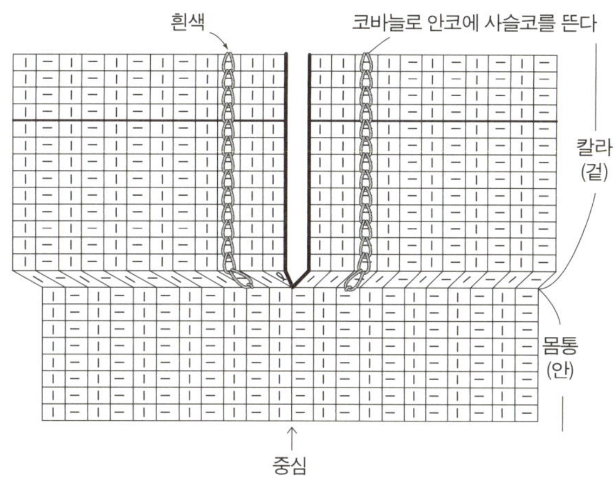

칼라 트임단의 체인스티치
흰색
코바늘로 안코에 사슬코를 뜬다
칼라
(겉)
몸통
(안)
중심

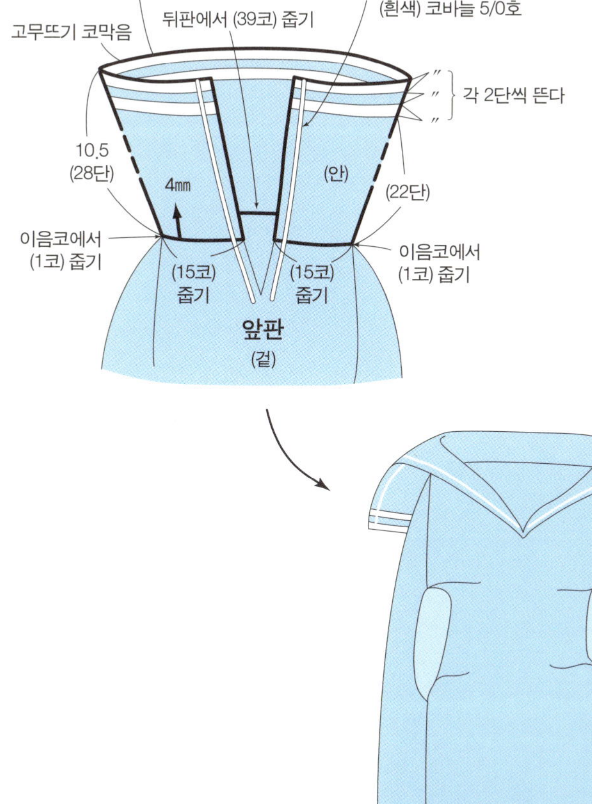

③ 칼라 (1코고무뜨기 줄무늬)
④ 칼라 겉에 체인스티치
(흰색) 코바늘 5/0호
고무뜨기 코막음
뒤판에서 (39코) 줍기
각 2단씩 뜬다
10.5
(28단)
4mm
(안)
(22단)
이음코에서
(1코) 줍기
(15코)
줍기
(15코)
줍기
이음코에서
(1코) 줍기
앞판
(겉)

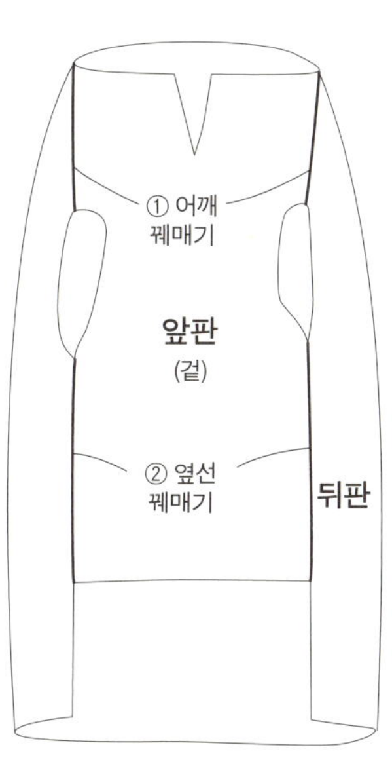

마무리
① 어깨
꿰매기
앞판
(겉)
② 옆선
꿰매기
뒤판

꽃모티브를 떠서 이은 스웨터

재 료 실 : 하마나카 모헤어
　　　　핑크(36번) 35g
도 구 코바늘 4/0호

뜨개질 포인트

원형뜨기의 시작코를 만들어 모티브를 뜬다. 4단째의 짧은뜨기는 3단째
의 편물(꽃잎)이 입체적으로 되도록, 화살표로 표시한 것처럼 2단째의 사슬코를
주워서 뜬다. 2번째 모티브부터는 정해진 위치에서 뜨면서 잇는 방법으로 모두
29개를 뜬다.

front

back

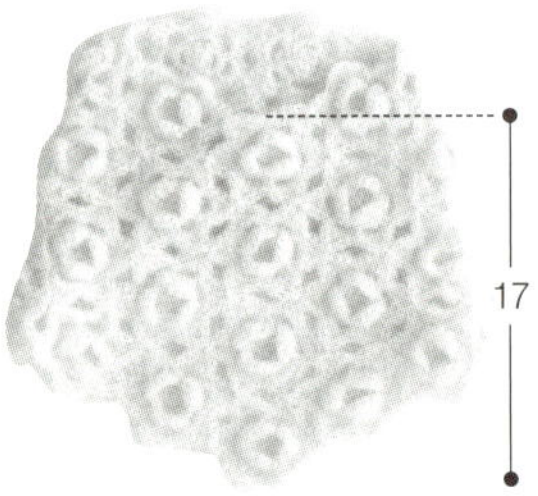

모티브

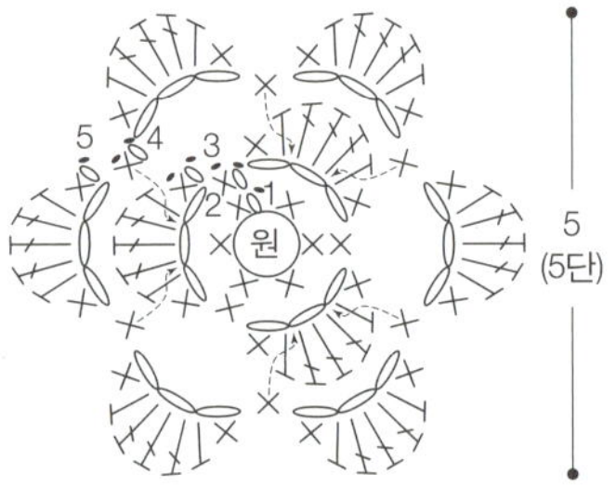

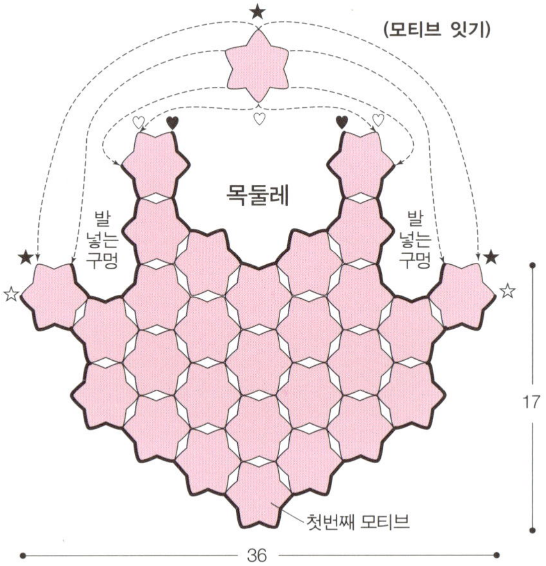

앞판을 연결한 상태

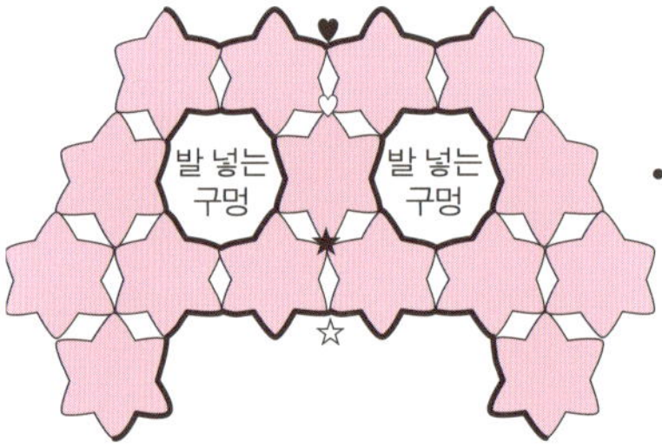

(모티브 잇기)

모티브 잇는 법

38

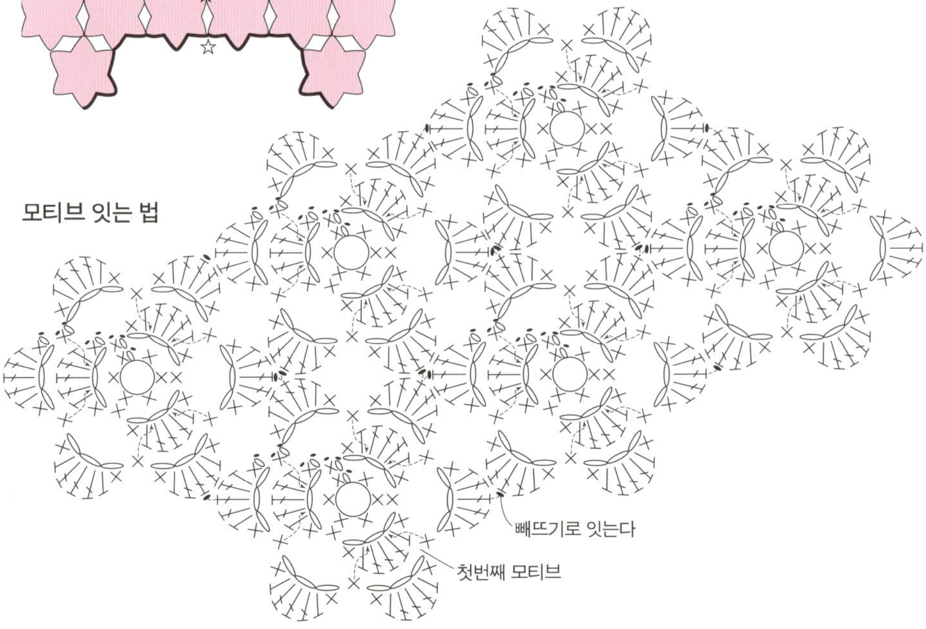

꽈배기무늬의 벌키 스웨터

재 료 실 : 오브 코스 빅(Of Course! Big)
그레이(102번) 160g

도 구 대바늘 5.5mm, 막대바늘 5mm 4개

게이지 메리야스뜨기 12코×18단(10㎠)

뜨개질 포인트

메리야스뜨기와 무늬뜨기는 5.5mm 대바늘, 1코고무뜨기는 5mm 막대바늘로 뜬다. 1코고무뜨기의 마지막 코는 고무뜨기 코막음을 한다. 꿰맬 위치의 단에는 표시를 해둔다. 마무리는 번호순으로 진행한다. 칼라의 1코고무뜨기는 막대바늘 4개를 사용하여 원통모양으로 뜬다.

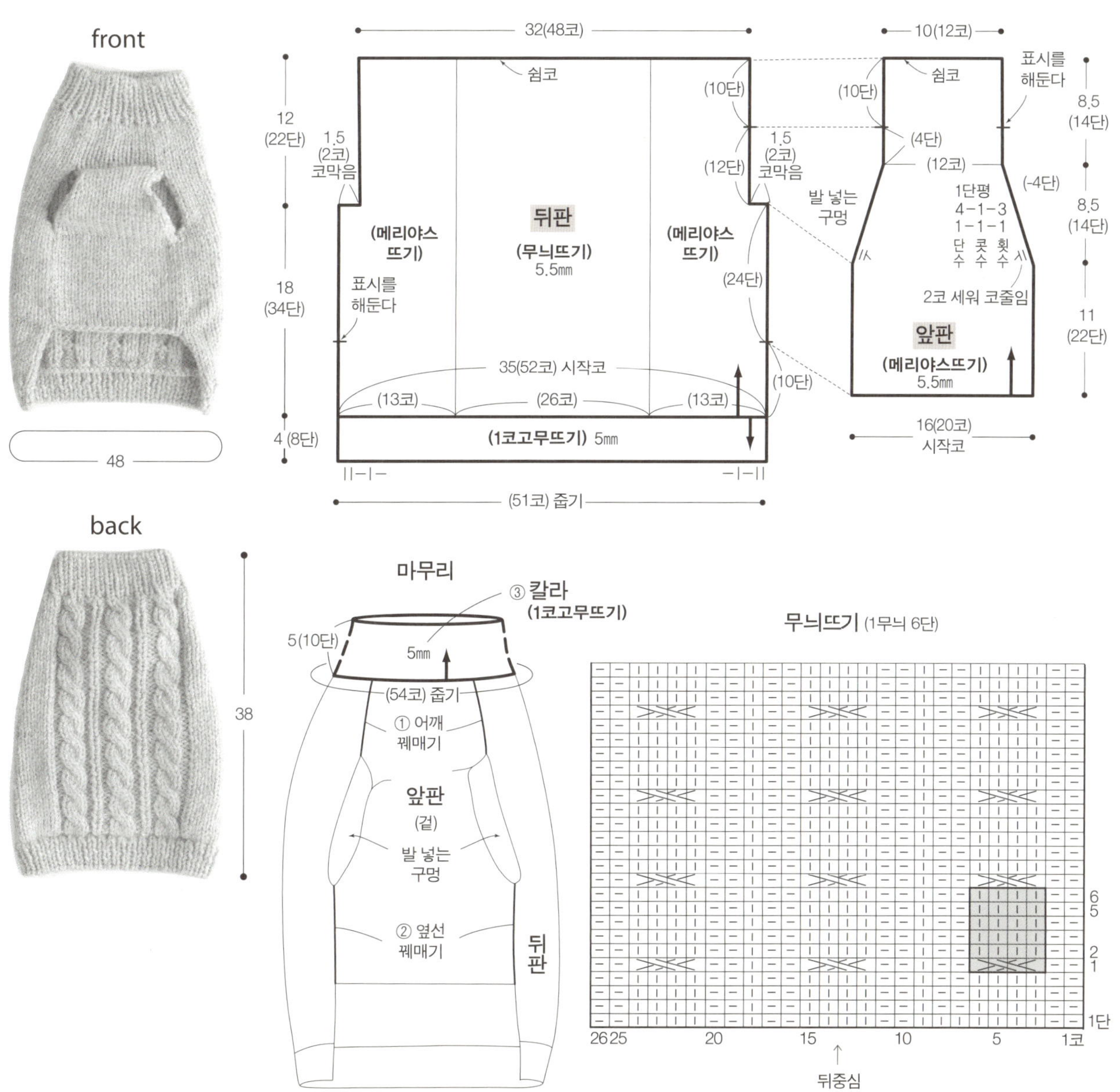

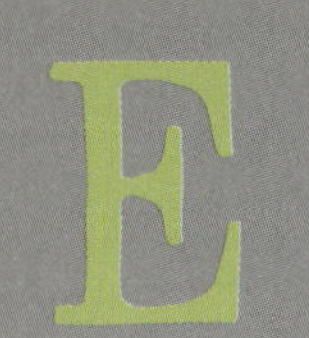

컬러풀한 마린룩 스웨터 세트

재 료 실 : 하마나카 데니스(Wanpaku Denis)
SS사이즈 – 흰색(1번) 15g, 초록색(46번) 10g
S사이즈 – 흰색(1번) 20g
핑크(9번) 또는 연두색(53번) 각 15g
MS사이즈 – 흰색(1번) 35g
오렌지색(44번) 20g

도 구 대바늘 4mm, 막대바늘 3.5mm 4개

게이지 메리야스뜨기 19코×24단(10㎠)

🧶 뜨개질 포인트

콧수와 단수는 사이즈마다 다르지만 뜨는 방법은 같다. 메리야스뜨기와 줄무늬는 4mm 대바늘, 1코고무뜨기(밑단·발 넣는 구멍·칼라)는 3.5mm 막대바늘로 뜬다. 꿰맬 위치의 단에는 표시를 해둔다. 마무리는 번호순으로 진행한다. 발 넣는 구멍의 1코고무뜨기는 평뜨기로 뜨고, 고무뜨기 코막음으로 코를 막은 후에 옆선을 맞대어 꿰맨다. 칼라의 1코고무뜨기는 원통모양으로 뜬다. 고무뜨기 코막음은 편물의 신축성을 고려하여 너무 쫀쫀하지 않게 뜬다.

front

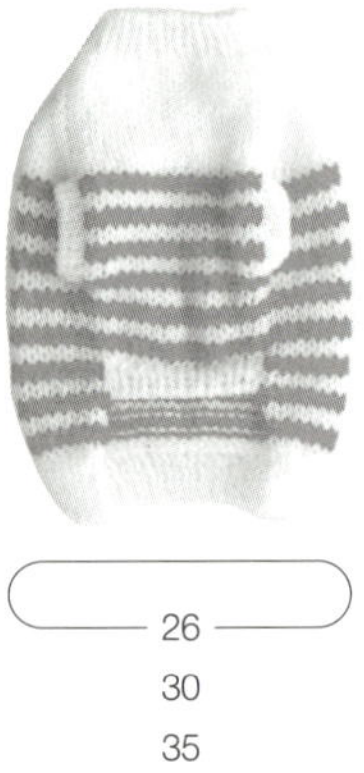

back

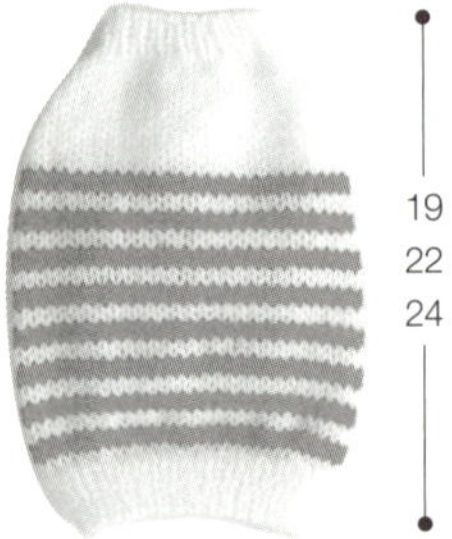

26
30
35

19
22
24

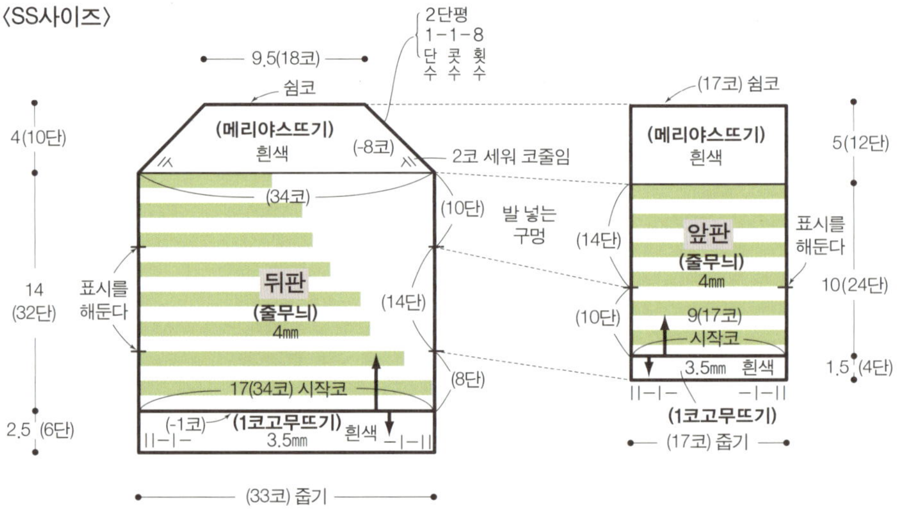

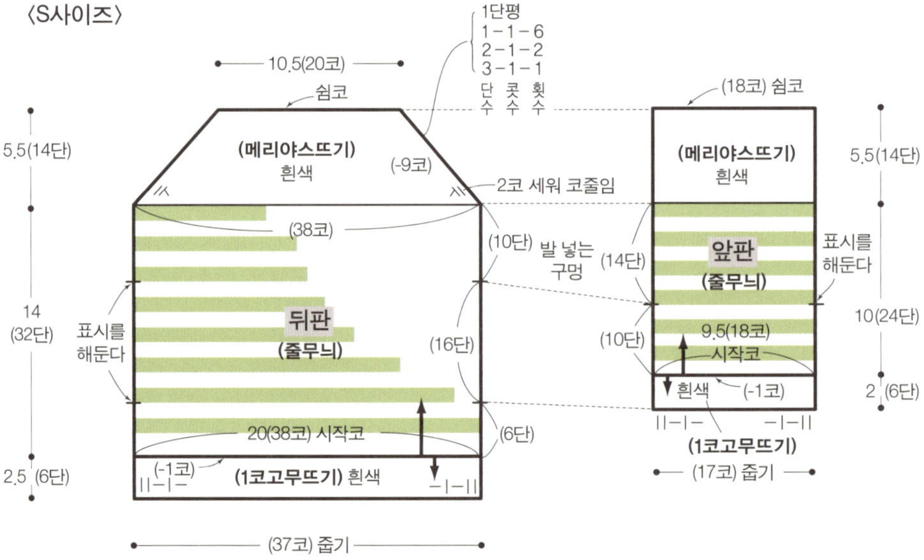

〈MS사이즈〉

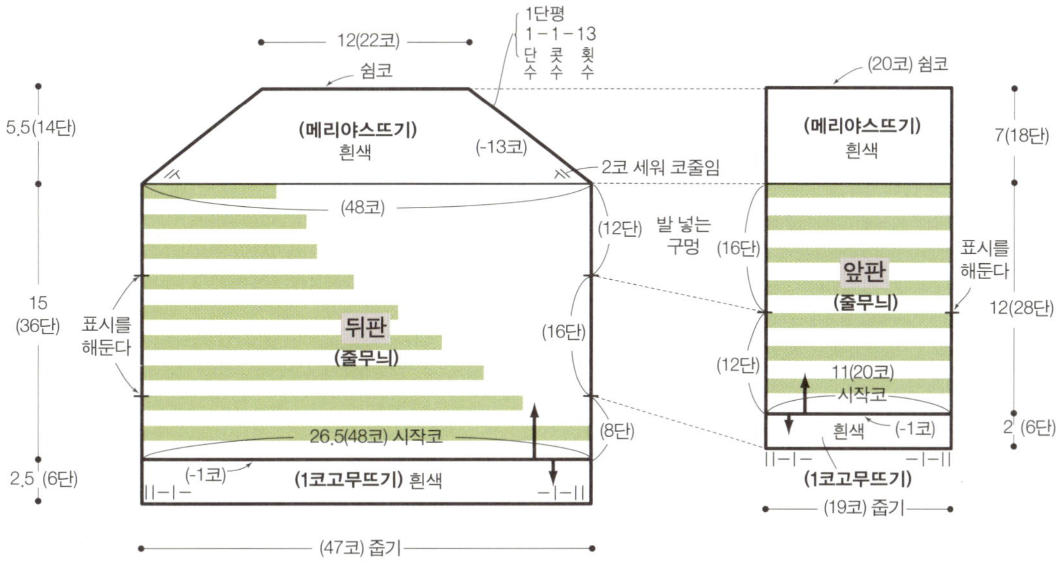

마무리

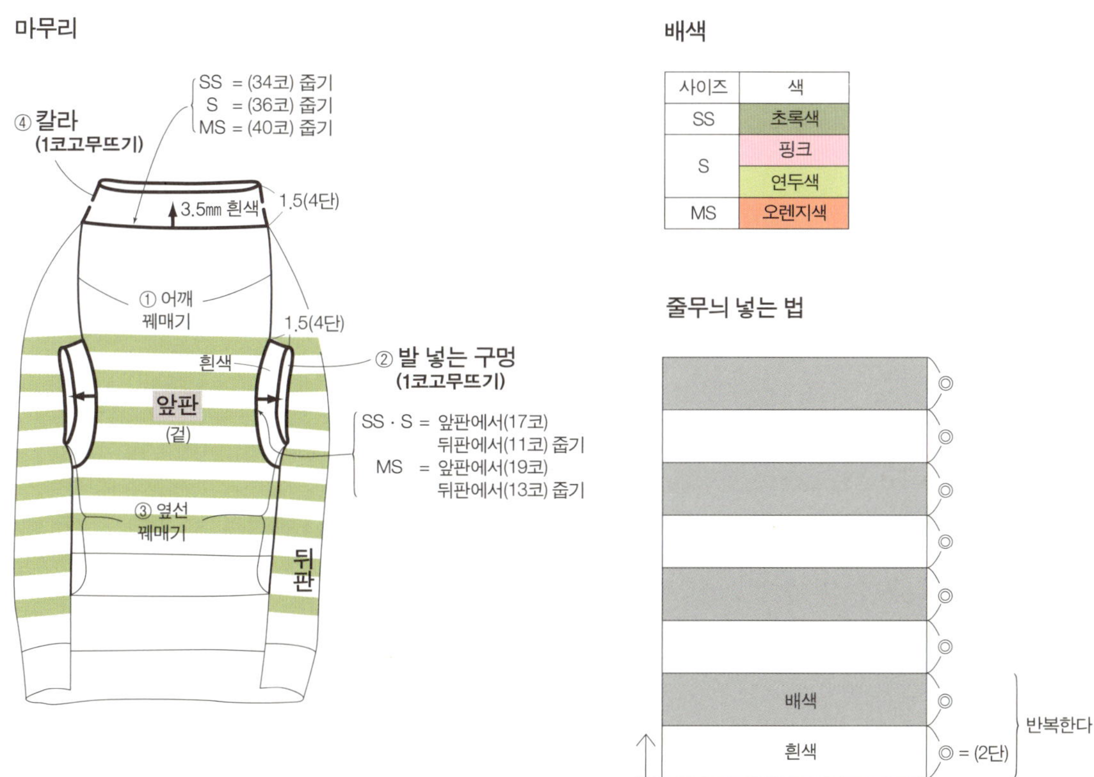

배색

사이즈	색
SS	초록색
S	핑크
	연두색
MS	오렌지색

줄무늬 넣는 법

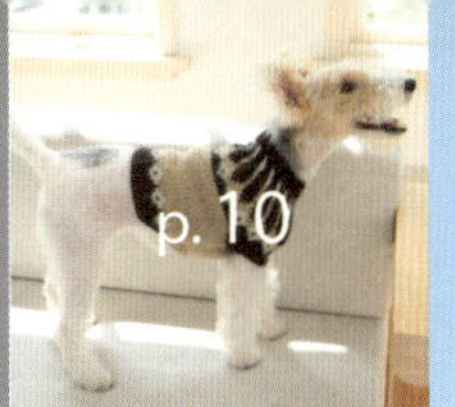

SIZE
ML

둥근 요크장식의 클래식 스웨터

재 료 실 : 오브 코스(Of Course)!
　　　　다갈색(18번)
　　　　베이지(5번) 각 35g
　　　　미색(2번) 15g

도 구 대바늘 4.5mm, 막대바늘 4개

게이지 메리야스뜨기 18코×24단(10cm²)

뜨개질 포인트

요크의 코 줄이기는 3번으로 나누어 1무늬 단위로 줄인다(요크의 코줄임 참조). 배색뜨기는 안쪽면에 실이 지나가게 뜬다. 요크의 앞중심을 맞대어 꿰맨 후 앞판, 뒤판 순서로 각각 요크에서 코를 주워 떠 나간다. 발 넣는 구멍을 뜰 때는 뒤판보다 앞판의 코를 더 많이 줍는다. 칼라는 막대바늘 4개를 사용하여 원통모양으로 뜬다.

front

back

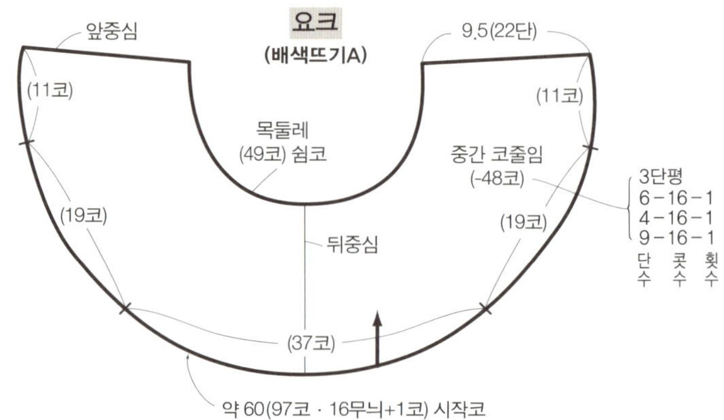

마무리

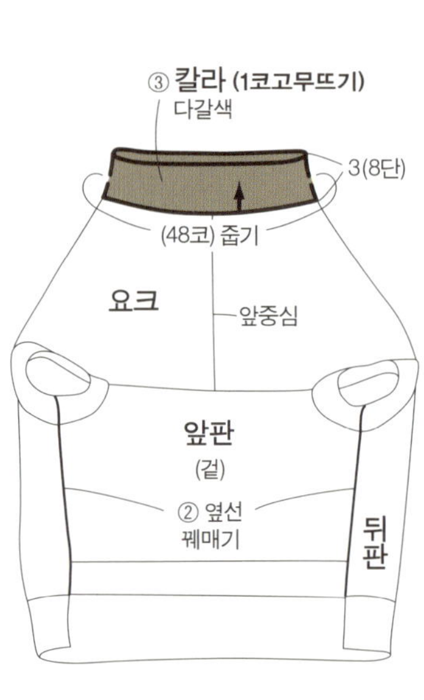

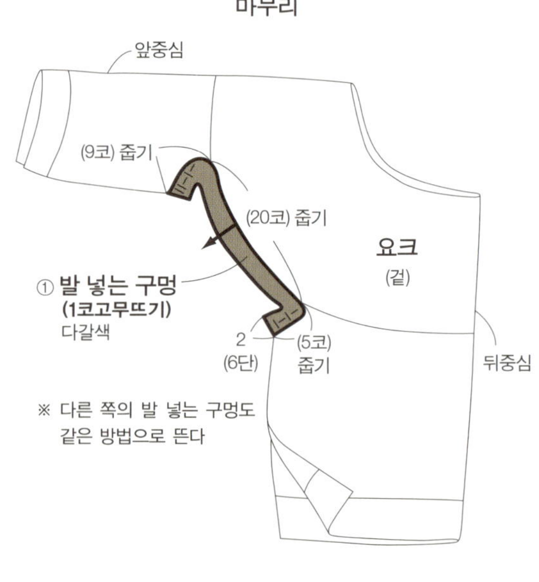

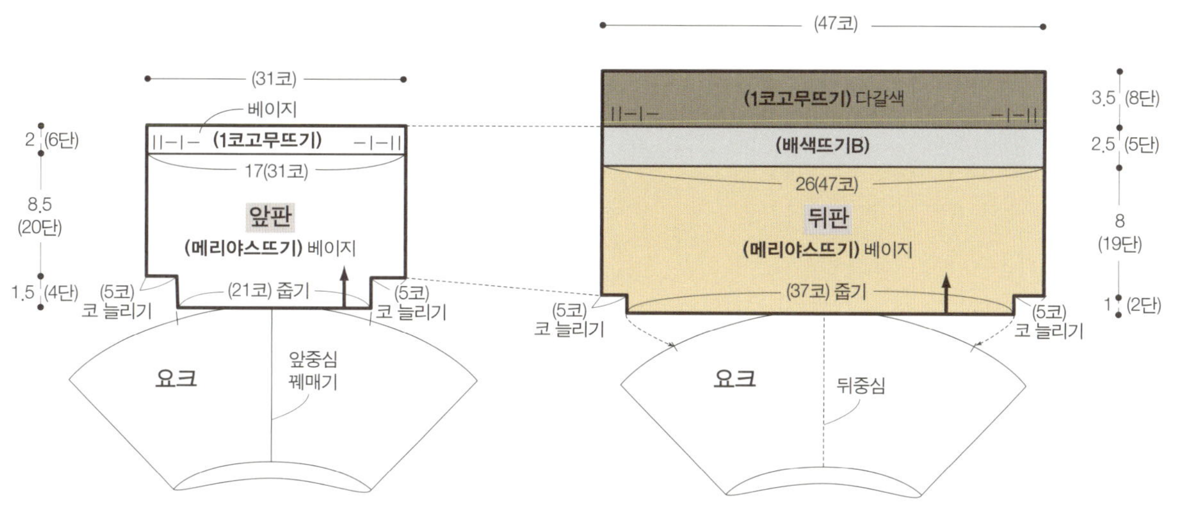

배색뜨기A와 요크의 코줄임 (1무늬 6코)

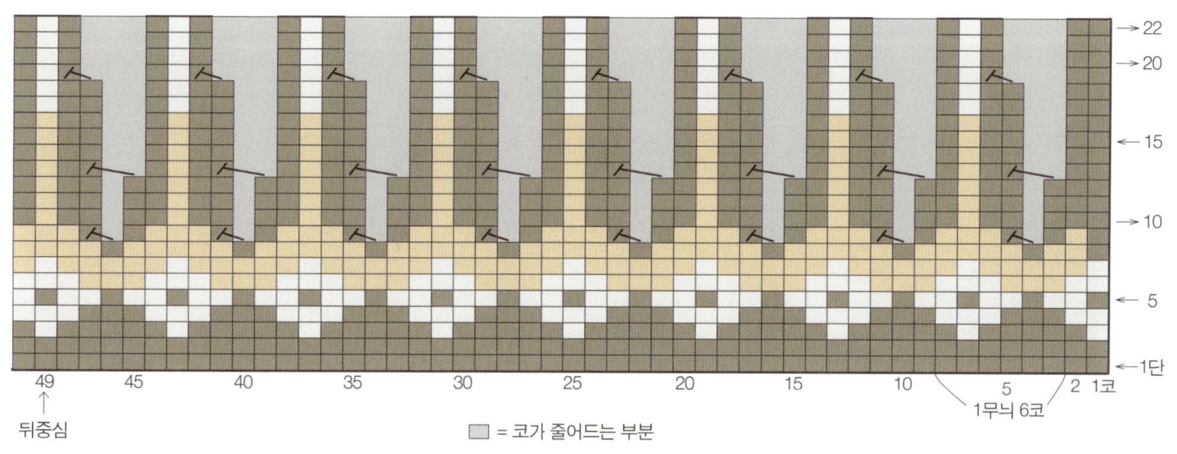

배색뜨기B (1무늬 6코)

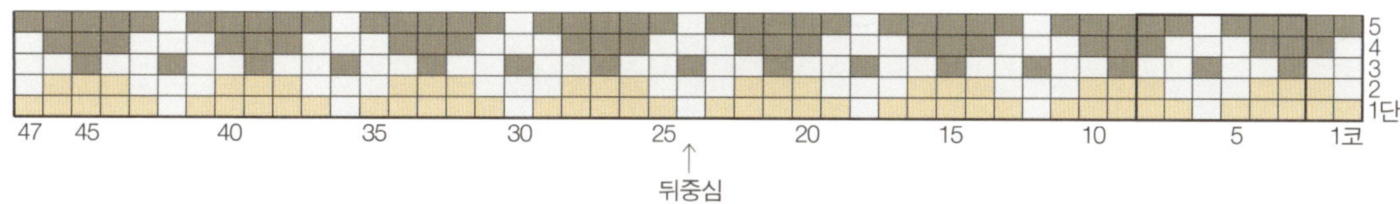

G

칼라와 단추를 단 셔츠 스타일 재킷

재료 실 : 엑시드울 L
오렌지색(334번) 40g
모스그린(321번) 35g
베이지(316번) 25g
단추 : 직경 1.2cm 5개

도 구 대바늘 4.5mm, 4mm

게이지 메리야스뜨기 19코×26단(10cm²)

🧶 뜨개질 포인트

메리야스뜨기와 가터뜨기는 4.5mm 대바늘, 1코고무뜨기는 4mm 대바늘을 사용. 앞판과 소매는 좌우 대칭되게 1장씩 뜬다. 실이 있는 쪽에서 진동둘레의 4코 코막음을 하므로 좌우 1단 차이가 생긴다. 몸판과 소매의 진동둘레 코 줄이기에서 단의 첫코는 원래대로 뜨고, 2째코와 3째코에서 2코를 1번 줄인다. 마무리는 도안의 번호순으로 진행한다. 칼라는 몸판의 겉을 보고 도안과 같이 각 부분에서 코를 주워가며 뜨는데, 뜨개단의 1코고무뜨기를 주의. 칼라를 겉에서 볼 때 양끝 2코가 겉뜨기코가 된다. 1코고무뜨기의 마지막 코는 고무뜨기로 코막음을 한다.

front

back

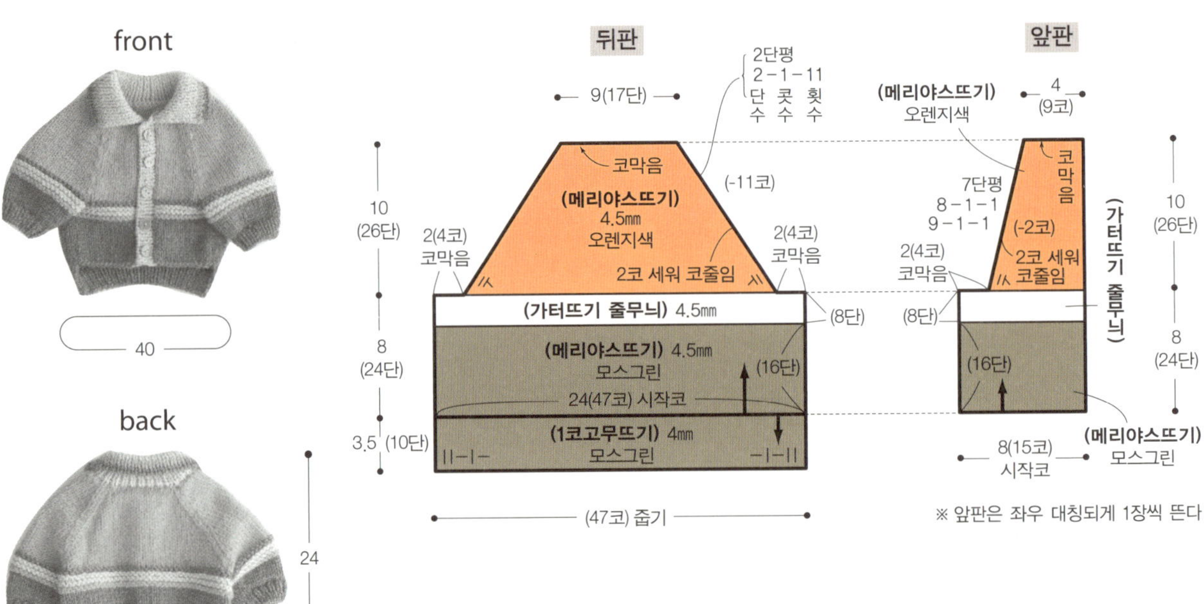

※ 앞판은 좌우 대칭되게 1장씩 뜬다

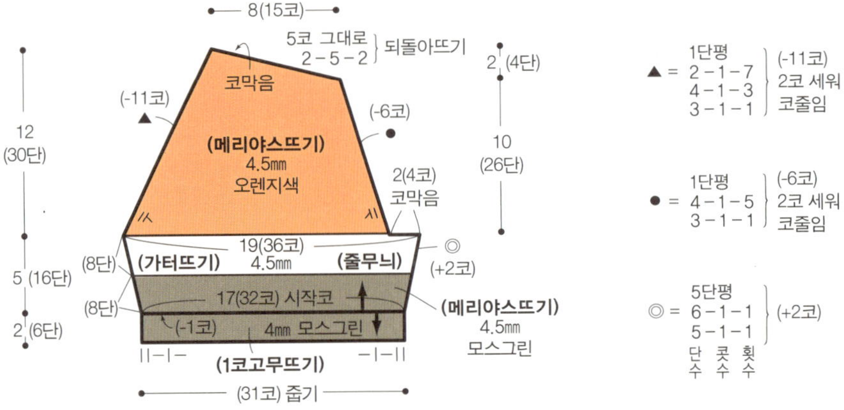

※ 왼쪽 소매는 좌우 대칭되게 뜬다

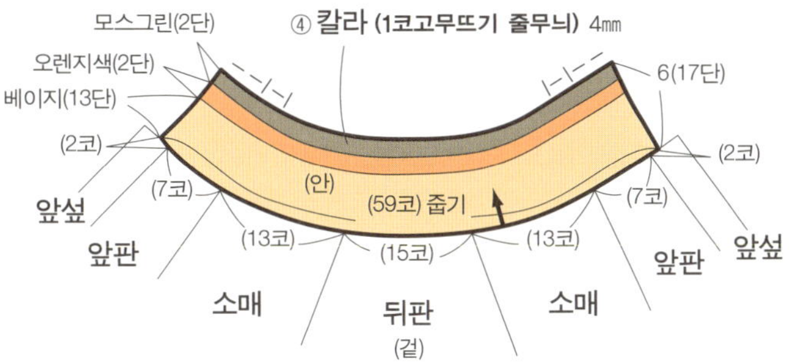
④ 칼라 (1코고무뜨기 줄무늬) 4㎜
모스그린(2단)
오렌지색(2단)
베이지(13단)
6(17단)
(2코)
(7코)
(안)
(59코) 줍기
(13코)
(15코)
(13코)
(7코)
(2코)
앞섶
앞판
소매
뒤판
(겉)
소매
앞판
앞섶

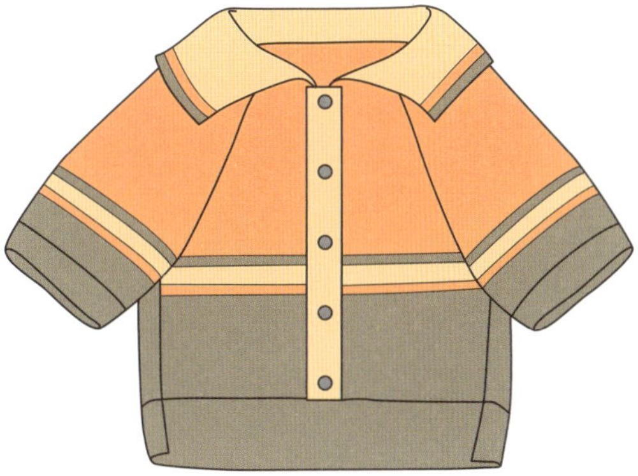

마무리

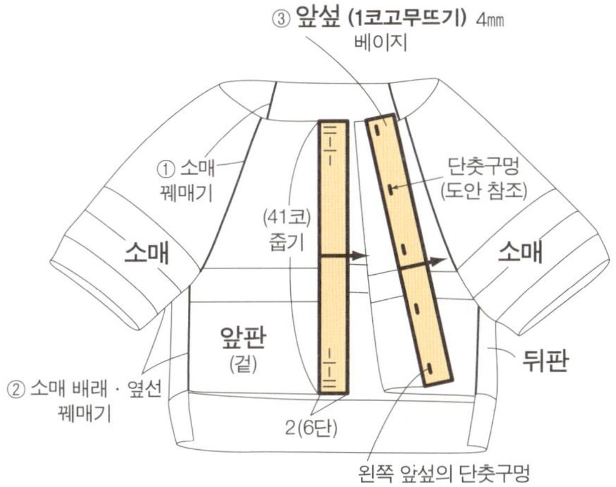
③ 앞섶 (1코고무뜨기) 4㎜
베이지
① 소매
꿰매기
단춧구멍
(도안 참조)
(41코)
줍기
소매
소매
앞판
(겉)
뒤판
② 소매 배래 · 옆선
꿰매기
2(6단)
왼쪽 앞섶의 단춧구멍

앞섶 · 단춧구멍 뜨는 법

밑단쪽
목둘레쪽
6
5
1단
(줍는 코의 단)
(4코)
(1코)
단춧구멍
(7코)
(1코)
(7코)
(1코)
(7코)
(1코)
(7코)
(1코)
(4코)

가터뜨기 줄무늬

8
5
1단
2 1코

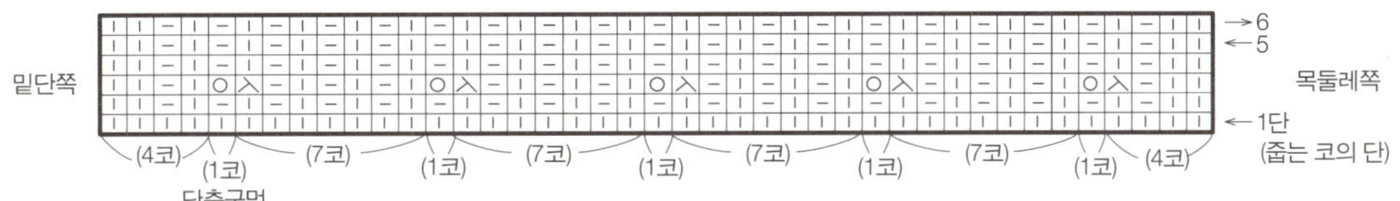

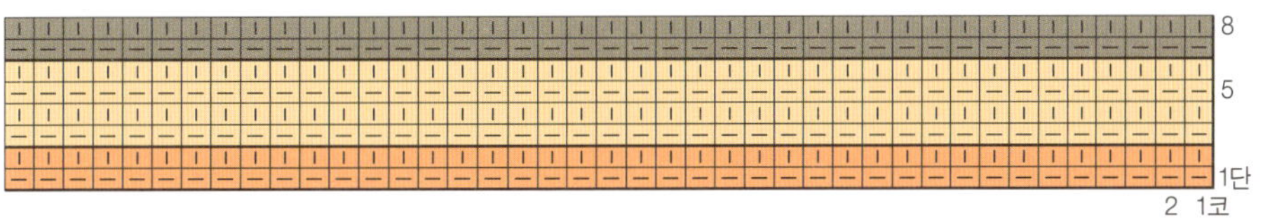

H

p.12

SIZE **M**

꽃모티브가 달린 다이아몬드무늬 스웨터

재 료 실 : 하마나카 데니스
핑크(9번) 45g
그린(53번) 조금
엑시드울 FL 흰색(201번) 조금
나무 비즈 : 직경 0.5㎝ 노란색 4개

도 구 막대바늘 4mm 4개, 대바늘 4mm, 코바늘 4/0호·5/0호

게이지 무늬뜨기 21코×26단
메리야스뜨기 16코×26단(10㎠)

🧶 뜨개질 포인트

실이 있는 쪽에서 뒤판 밑단의 코 늘리기를 하므로 좌우 1단의 차이가 생긴다(무늬도안 참조). 모티브 장식은 코바늘로 뜨며, 꽃은 흰색(코바늘 4/0호), 잎은 그린색으로(코바늘 5/0호) 뜬다. 꽃의 2단째 짧은뜨기는 꽃잎이 입체적이 되도록 1단째의 안쪽코를 주워서 뜬다. 마무리는 도안의 번호순으로 진행한다. 칼라와 밑단의 2코고무뜨기는 막대바늘 4개를 사용하여 원통모양으로 뜨고, 발을 넣는 구멍은 대바늘로 평뜨기로 뜨며, 코막음을 한 후 옆선을 맞대어 꿰맨다. 모티브는 꽃에 잎을 붙인 다음, 중심을 편물에 고정할 때 비즈를 끼운다.

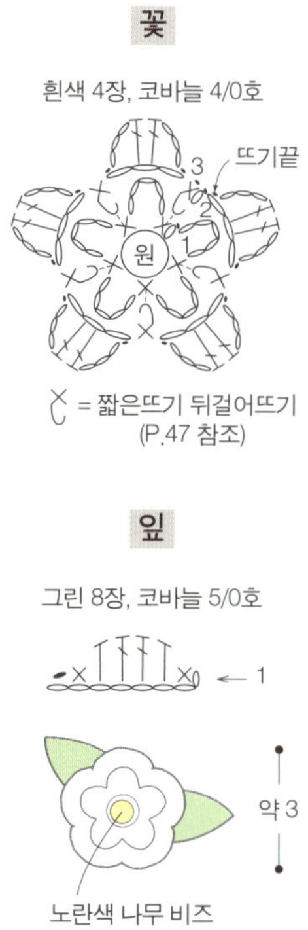

front

35

back

20

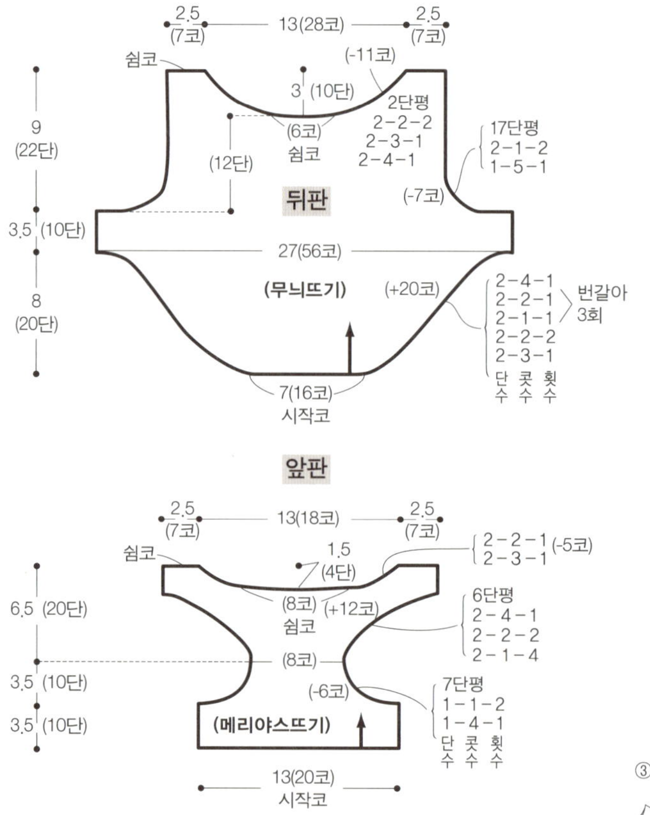

뒤판

2.5 (7코) · 13(28코) · 2.5 (7코)
쉼코
(-11코)
3 (10단)
2단평
2-2-2
2-3-1
2-4-1
17단평
2-1-2
1-5-1
(6코) 쉼코
(12단)
9 (22단)
3.5 (10단)
27(56코)
(무늬뜨기)
(+20코)
2-4-1
2-2-1
2-1-1
2-2-2
2-3-1
번갈아 3회
단 콧 횟
수 수 수
8 (20단)
7(16코) 시작코

앞판

2.5 (7코) · 13(18코) · 2.5 (7코)
쉼코
1.5 (4단)
2-2-1
2-3-1 (-5코)
(8코) (+12코) 쉼코
6단평
2-4-1
2-2-2
2-1-4
(8코)
6.5 (20단)
3.5 (10단)
3.5 (10단)
(-6코)
7단평
1-1-2
1-4-1
단 콧 횟
수 수 수
(메리야스뜨기)
13(20코) 시작코

꽃

흰색 4장, 코바늘 4/0호
3 뜨기끝
원
X = 짧은뜨기 뒤걸어뜨기 (P.47 참조)

잎

그린 8장, 코바늘 5/0호
1
약 3
노란색 나무 비즈

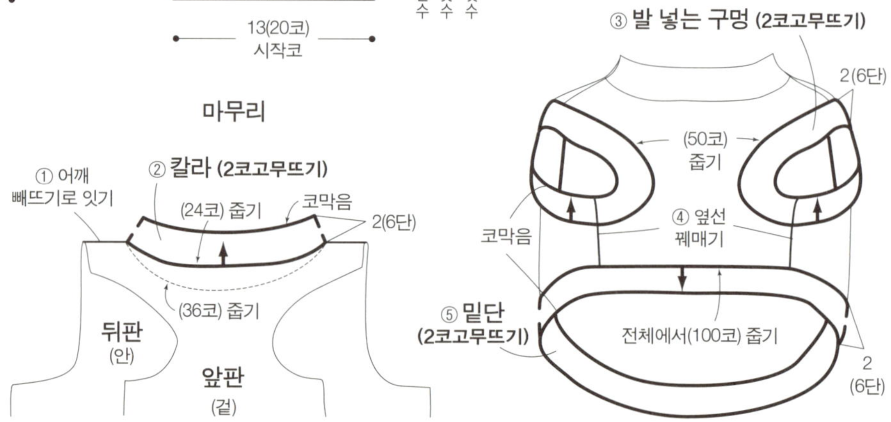

마무리

① 어깨 빼뜨기로 잇기
② 칼라 (2코고무뜨기)
(24코) 줍기 · 코막음 · 2(6단)
(36코) 줍기
뒤판 (안)
앞판 (겉)

③ 발 넣는 구멍 (2코고무뜨기)
2(6단)
(50코) 줍기
코막음
④ 옆선 꿰매기
⑤ 밑단 (2코고무뜨기)
전체에서(100코) 줍기
2 (6단)

뒤판의 무늬뜨기와 코의 증감

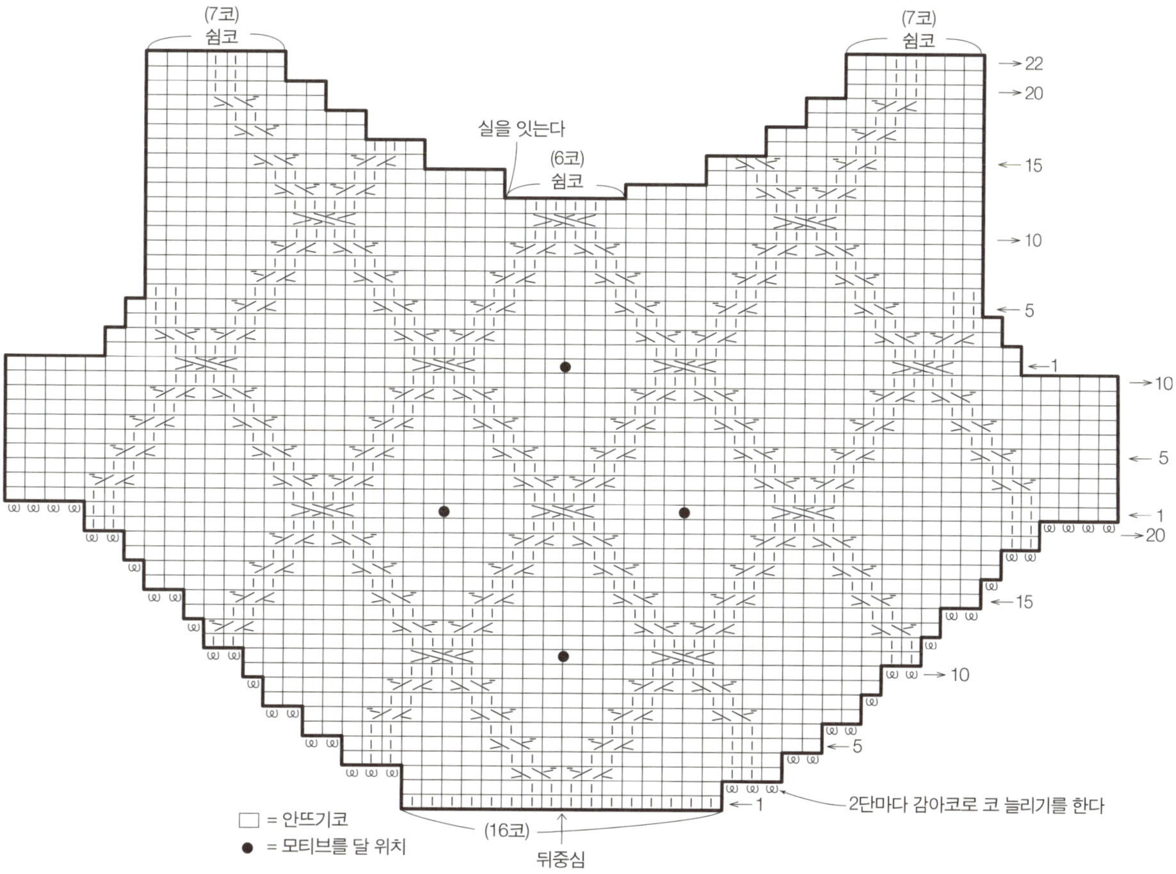

(7코) 쉼코

실을 잇는다

(6코) 쉼코

→22
→20
←15
←10
←5
←1
→10
←5
←1
→20
←15
→10
←5
←1

□ = 안뜨기코
● = 모티브를 달 위치

(16코)
뒤중심

2단마다 감아코로 코 늘리기를 한다

뒤판

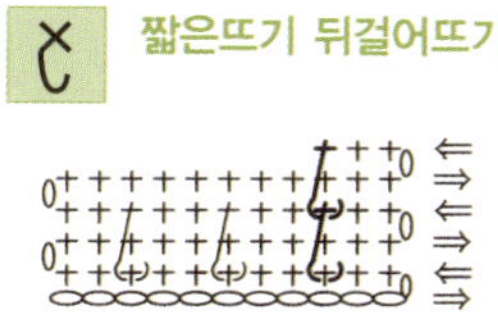

짧은뜨기 뒤걸어뜨기

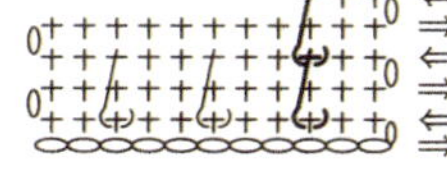

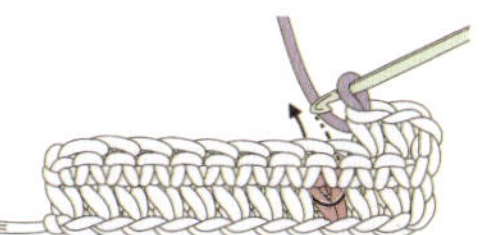

1. 화살표 방향으로 코바늘을 넣는다

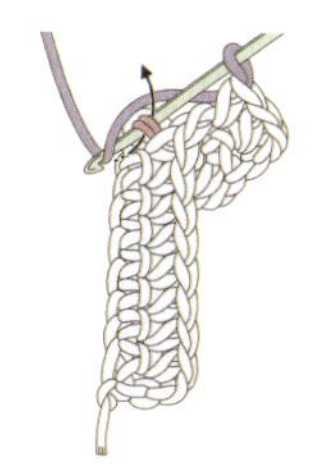

2. 코바늘에 실을 걸고, 화살표 방향으로 실을 길게 빼낸다

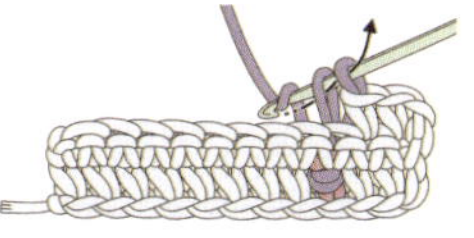

3. 코바늘에 실을 걸고, 코바늘에 걸린 2개의 고리를 빼낸다

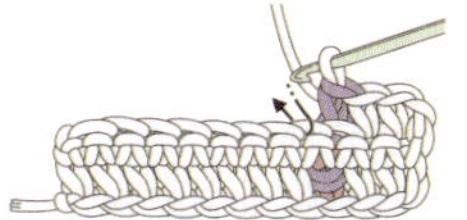

4. 다음 짧은뜨기는 1코를 건너 2째코에 뜬다

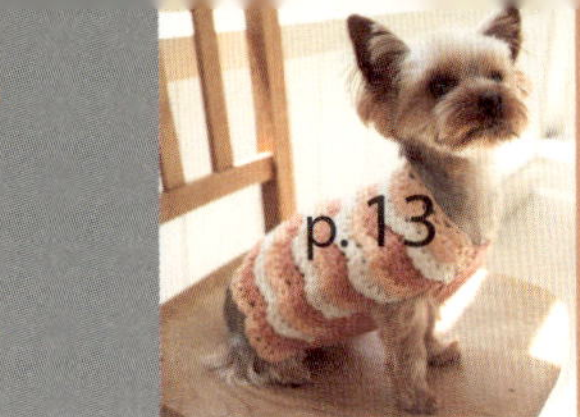

물결모양의 프릴 스웨터

재료 　실 : 엑시드울 FL
　　　　코랄레드(208번) 25g
　　　　아프리코트(207번)
　　　　흰색(201번) 각 20g

도 구 　코바늘 5/0호, 대바늘 3.5mm

게이지 　무늬뜨기 1무늬 약 4.6cm

🧶 뜨개질 포인트

뒤판은 사슬뜨기로 시작코를 만들어, 도안처럼 배색을 하면서 코바늘로 증감 없이 무늬뜨기 51단을 뜬다. 무늬뜨기는 3단을 뜬 후, 4단째는 2·3단의 편물을 뒤쪽으로 접듯이 넘겨서 1단째의 1길긴뜨기코에 짧은뜨기를 떠서 그물뜨기를 한다. 5단째부터는 색을 바꾸어 같은 방법으로 뜬다. 앞판은 도안을 참조하여 1코고무뜨기로 뜬다. 뜨기끝은 1코고무뜨기 코막음을 한다. 발 넣는 구멍을 남기고 감침질로 잇는다.

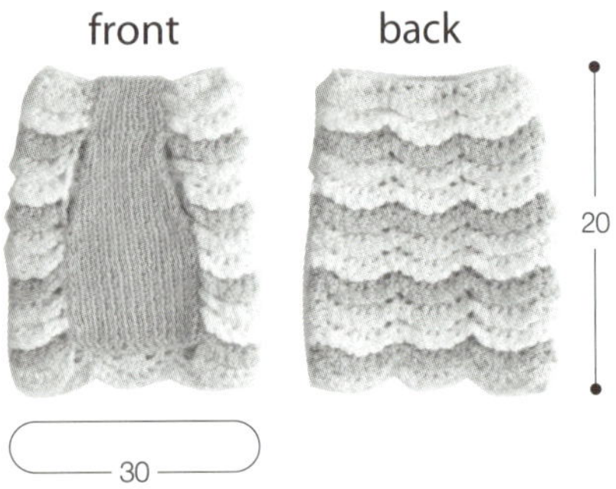

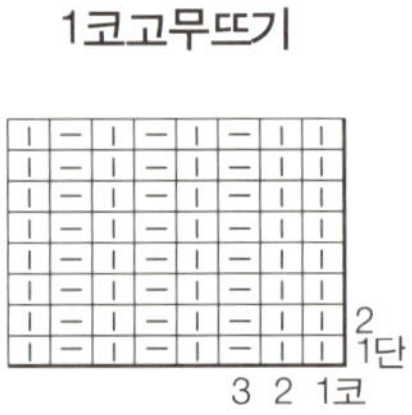

front　　　back

20

30

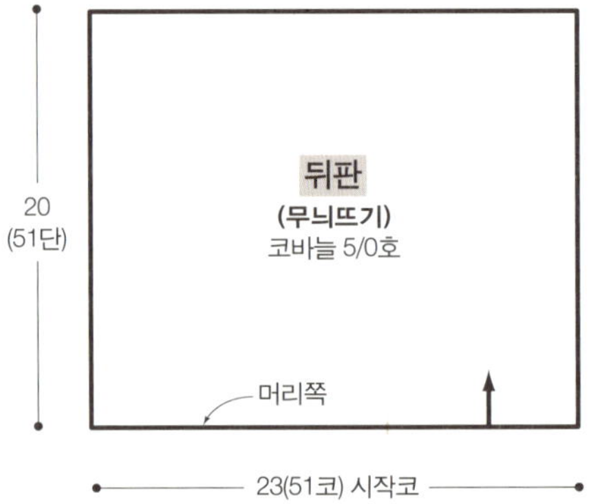

20
(51단)

뒤판
(무늬뜨기)
코바늘 5/0호

머리쪽

23(51코) 시작코

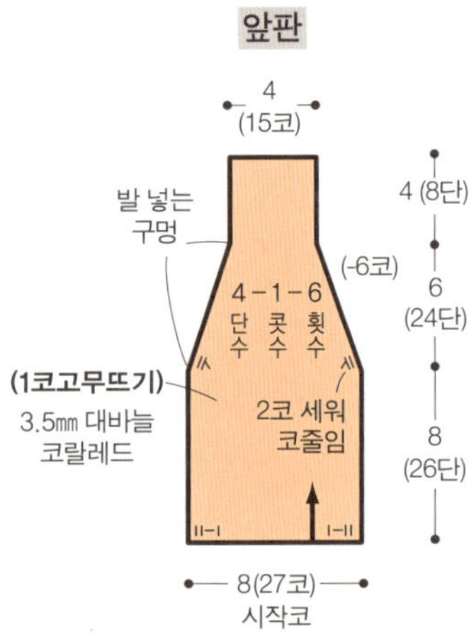

앞판

4
(15코)

발 넣는 구멍

4 (8단)

(-6코)

6
(24단)

4-1-6
단 콧 횟
수 수 수

(1코고무뜨기)
3.5mm 대바늘
코랄레드

2코 세워
코줄임

8
(26단)

8(27코)
시작코

무늬뜨기

코랄레드

흰색

4번 반복하고,
아프리코트의
3단에서 마무
리한다

→ 4

→ 3

→ 2
→ 1

아프리코트

51

1무늬 10코

2 1코 단

1코고무뜨기

2단
1단

3 2 1코

굵은 실로 쉽게 뜨는 토트백

뜨개질 포인트

원형뜨기의 시작코를 만들어 도안과 같이 바닥의 짧은뜨기부터 뜨기 시작한다. 12단을 다 뜨면, 옆면의 쌀뜨기(짧은뜨기 1코·사슬뜨기 1코를 번갈아 뜨는 무늬뜨기)를 이어서 뜬다. 옆면의 1단부터 18단까지는 증감 없이 뜬다. 손잡이를 달아서 마무리한다.

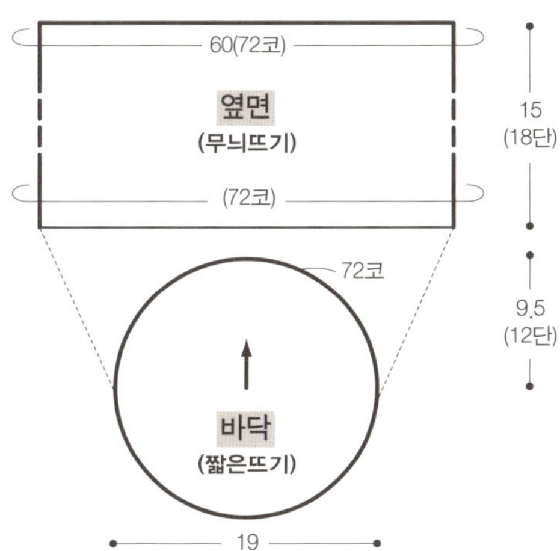

옆면

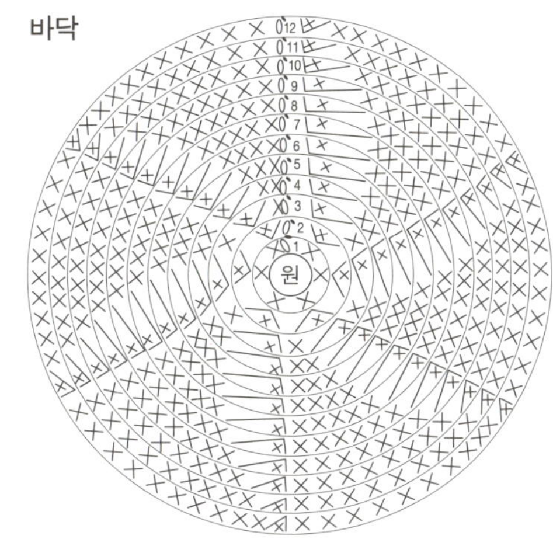

바닥

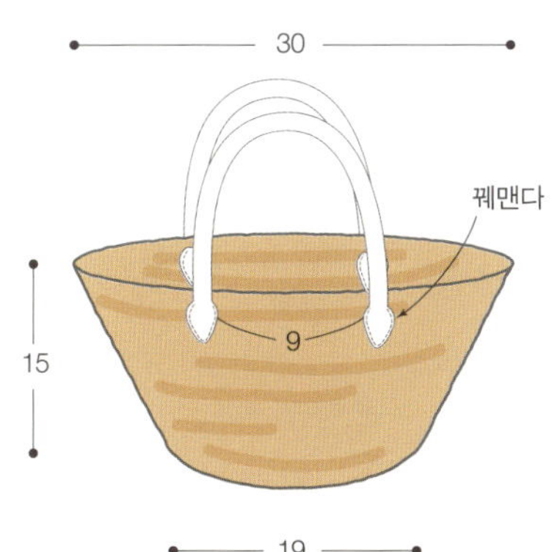

바닥의 코 늘리기

단	콧수	
12	72	(+6코)
11	66	(+6코)
10	60	(+6코)
9	54	(+6코)
8	48	(+6코)
7	42	(+6코)
6	36	(+6코)
5	30	(+6코)
4	24	(+6코)
3	18	(+6코)
2	12	(+6코)
1	6	

SIZE
M

아란무늬의 아이보리 스웨터

재 료 실 : 멘즈 클럽 마스터(Men's Club MASTER)
오프화이트(1번) 90g

도 구 대바늘 4.5mm, 막대바늘 4개

게이지 무늬뜨기 22코×20단
1코멍석뜨기 16코×20단(10㎠)

뜨개질 포인트

뒤판의 중앙은 아란(aran)무늬, 그 양옆은 1코멍석뜨기, 앞판은 모두 1코멍석뜨기로 뜨는데, 패턴도안에 도형으로 표시한 단마다 눈에 띄는 실로 구분해놓으면 마무리하기가 훨씬 쉽다. 뜨기끝은 쉼코로 둔다. 마무리는 우선 2장의 편물에서 발 넣는 구멍을 제외한 옆선을 꿰매기로 이은 후, 목둘레에서 코를 주워가며 칼라를 1코고무뜨기로 원통모양으로 뜨고, 고무뜨기 코막음으로 마무리한다.

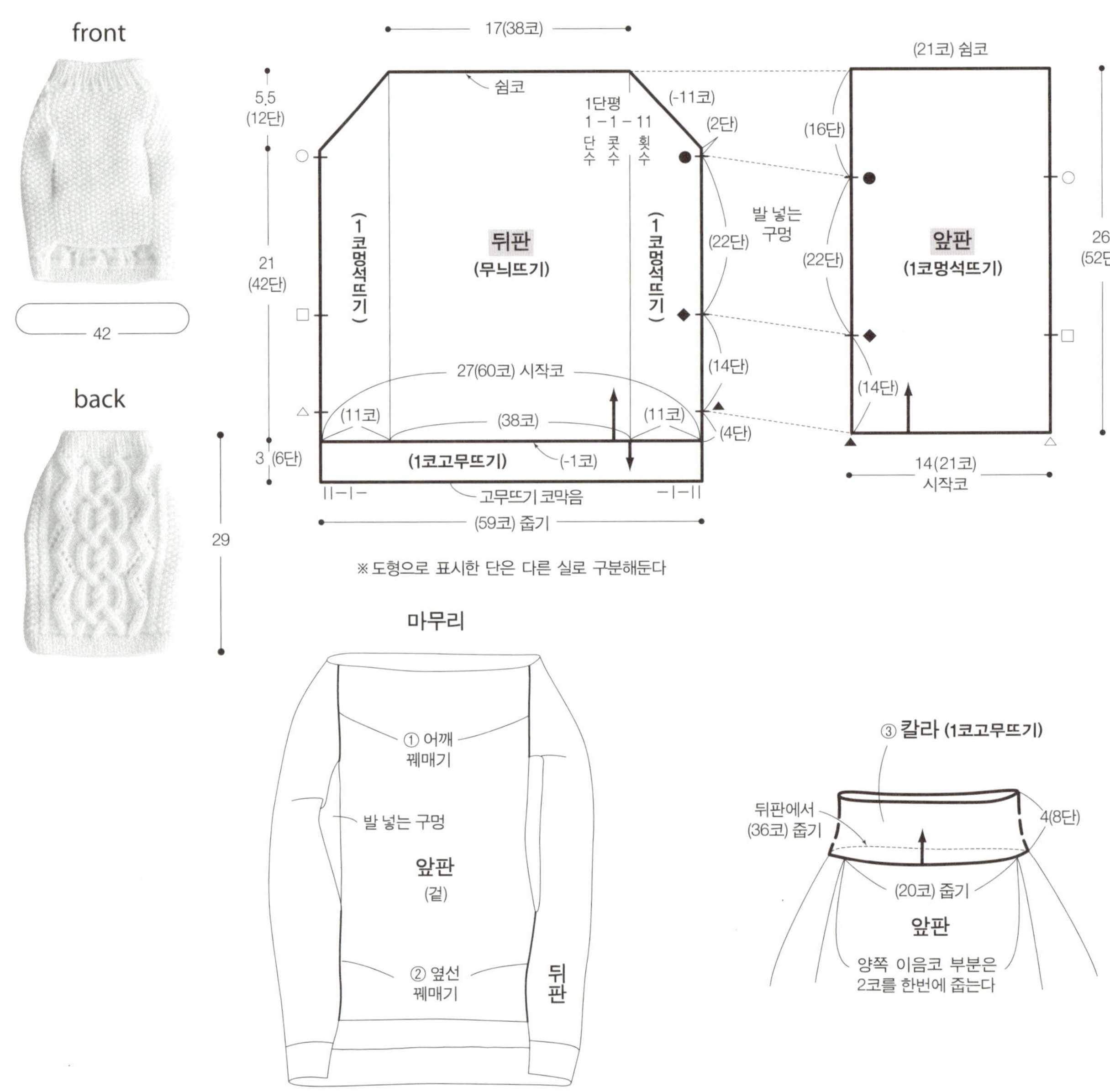

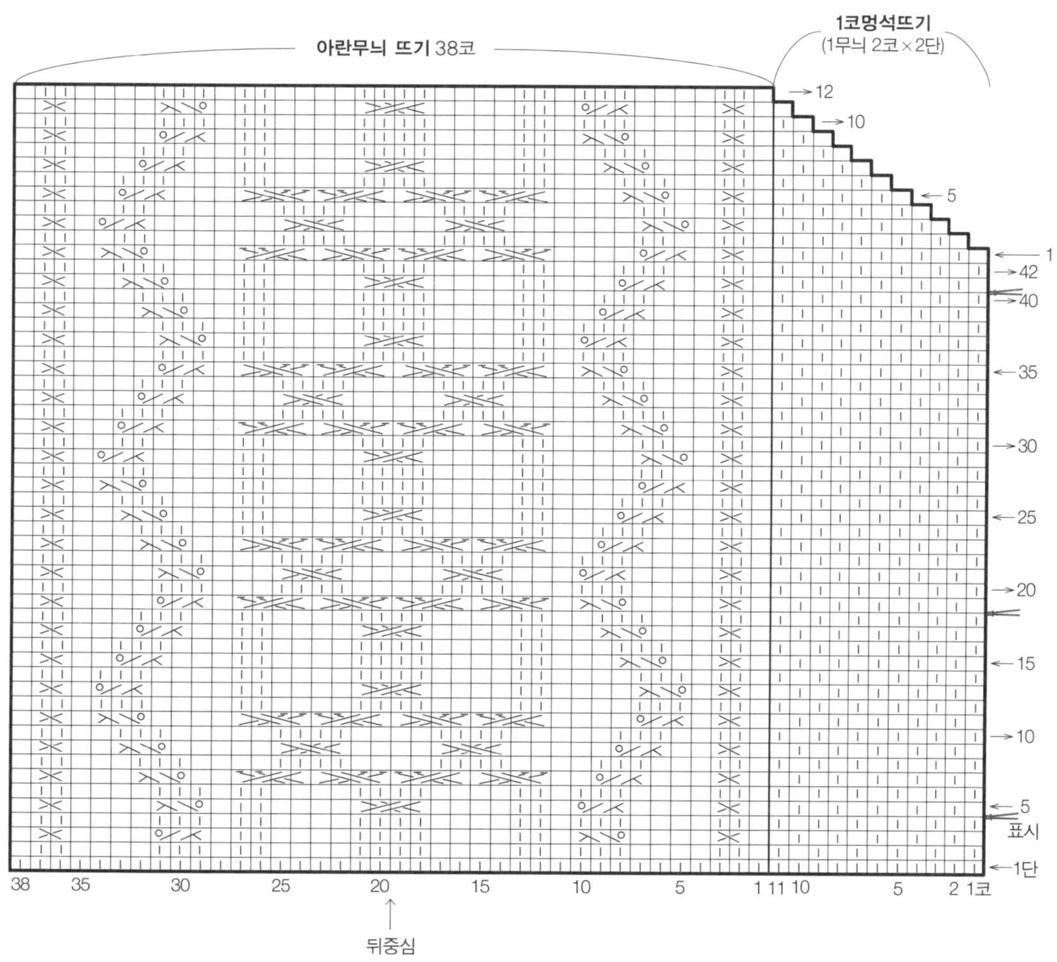

□ = 안뜨기코

의 뜨개방법
걸기코 → 겉뜨기코 → 오른코 겹치기 순으로 뜬다

의 뜨개방법
왼코 겹치기 → 겉뜨기코 → 걸기코 순으로 뜬다

과일무늬를 넣은 스웨터 2종류

재 료 실 : 스웨터A(레몬무늬) – 엑시드울 FL
남색(226번) 25g
레몬옐로(217번)와 연한블루(223번) 각 15g
하마나카 데니스 그린(53번) 조금
스웨터B(오렌지무늬) – 엑시드울 FL
짙은그린(220번) 25g, 연한그린(218번) 15g
오렌지색(209번) 10g

도 구 대바늘 4mm, 막대바늘 3.5mm 4개

게이지 메리야스뜨기 20코×30단
배색뜨기 22코×24단(10cm²)

🧶 뜨개질 포인트

뜨는 방법은 1무늬의 단수만 다르고, 나머지는 같다. 메리야스뜨기와 배색뜨기는 4mm 대바늘, 2코고무뜨기(칼라 · 발 넣는 구멍 · 밑단)는 3.5mm 막대바늘로 뜬다. 2코고무뜨기의 마무리는 코막음으로 한다. 꿰맬 위치의 단은 실로 표시해둔다. 마무리는 번호순으로 진행한다. 어깨는 뒤판은 코, 앞판은 단을 맞대어 잇는다. 발 넣는 구멍의 2코고무뜨기는 평뜨기로 하고, 코를 막은 후에 옆선을 맞대어 꿰맨다. 칼라의 2코고무뜨기는 원통모양으로 뜬다.

스웨터 A

front   back

스웨터 B

front   back

33

22

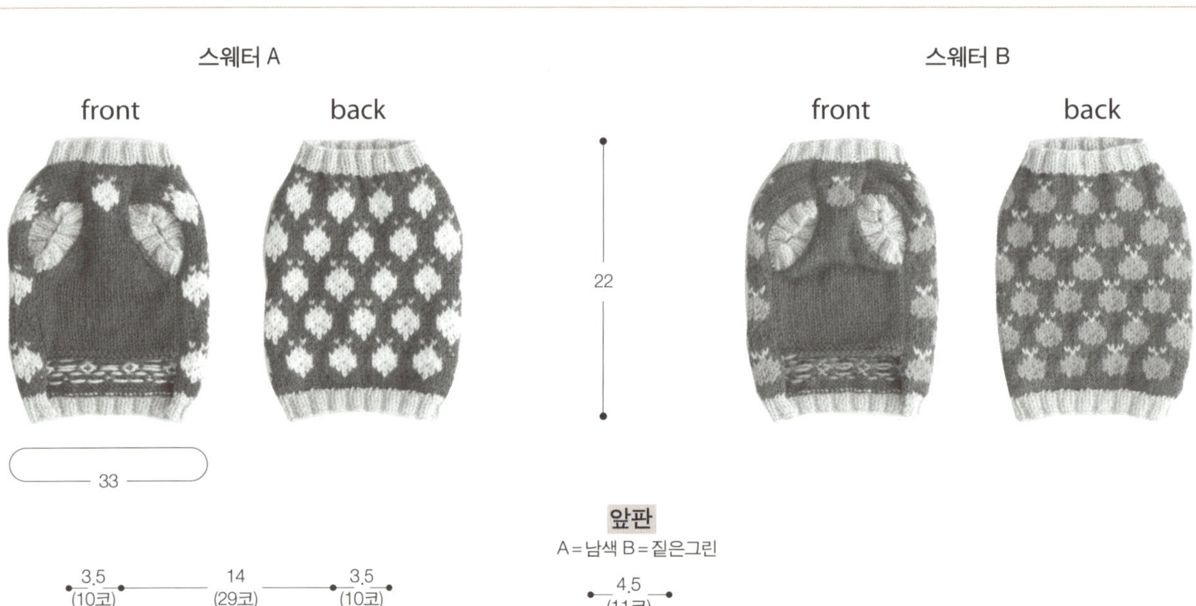

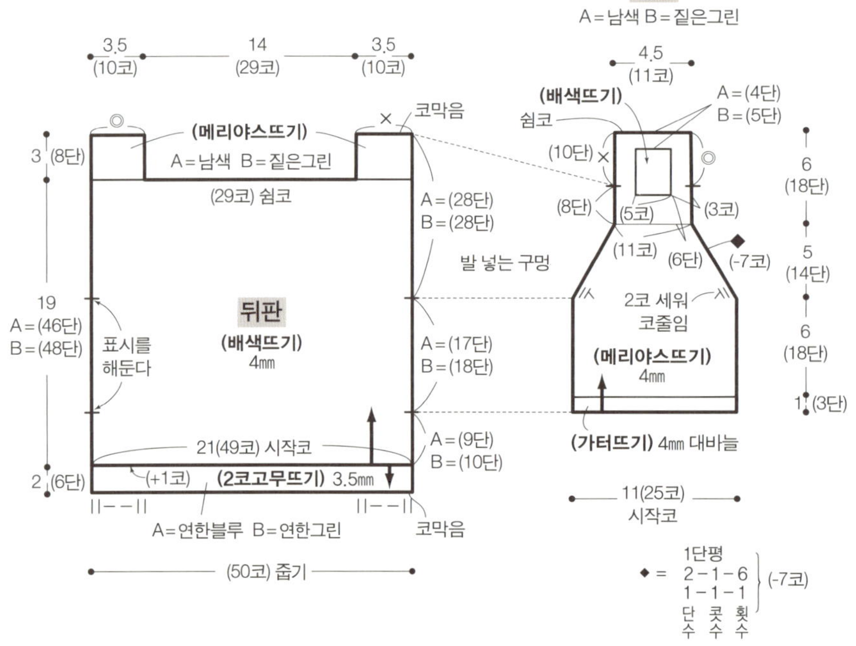

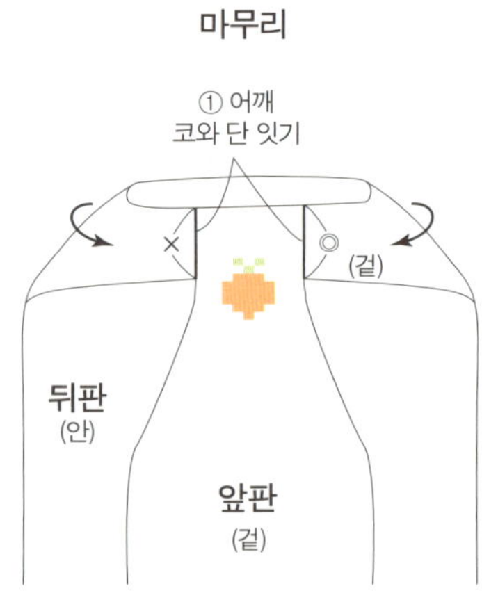

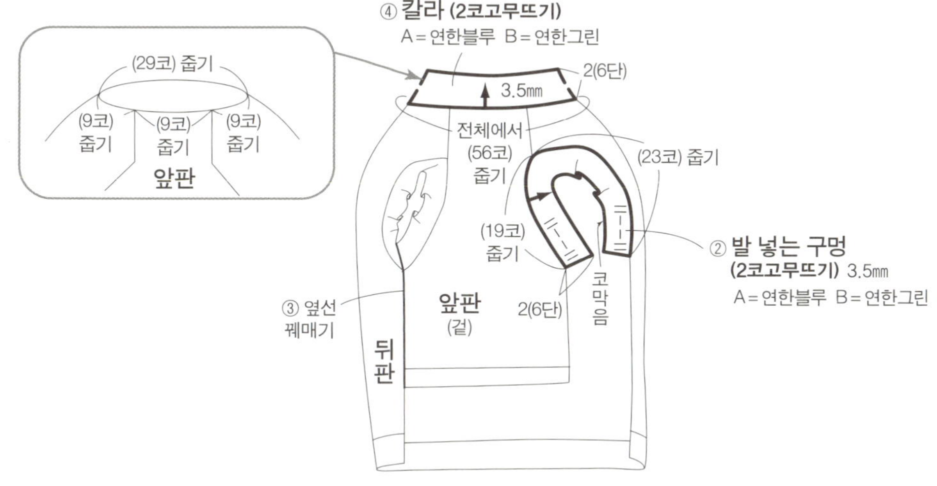

스웨터A의 배색뜨기 (레몬무늬 1무늬 8코×8단)

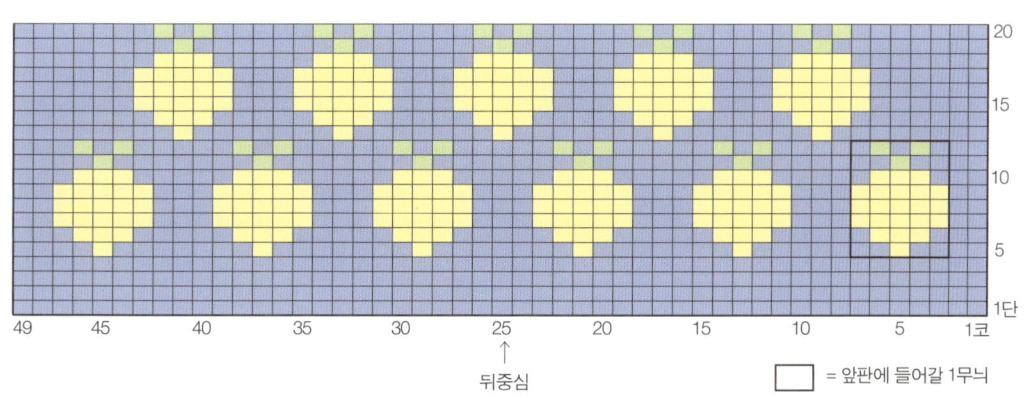

스웨터B의 배색뜨기 (오렌지무늬 1무늬 8코×7단)

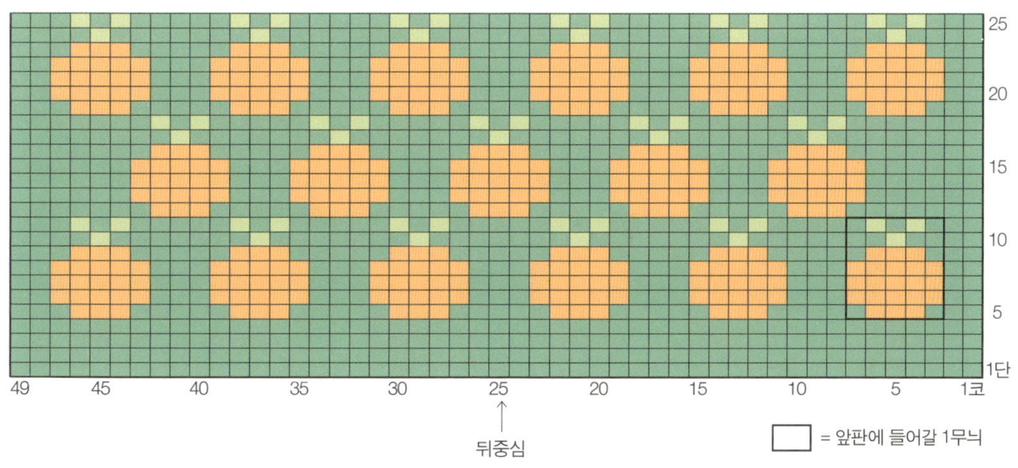

M

SIZE M

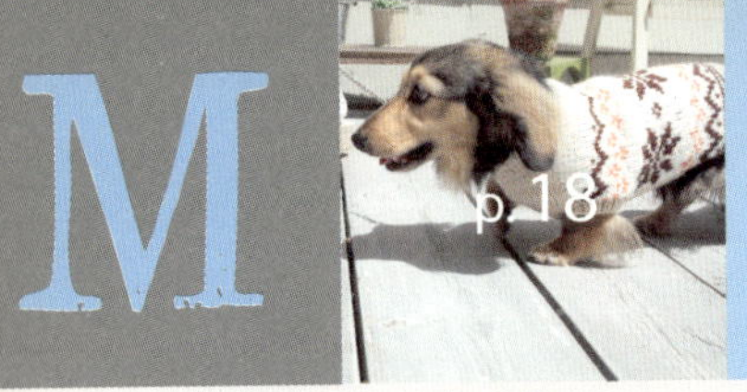

눈꽃무늬 스웨터

재 료 실 : 엑시드울 L
베이지(302번) 40g
흰색(301번) 35g
다갈색(305번) 15g
오렌지색(334번) 10g

도 구 대바늘 4.5㎜, 막대바늘 4개

게이지 메리야스뜨기 16코×26단
배색뜨기 19코×22단(10㎠)

뜨개질 포인트

배색뜨기는 안쪽면에 실이 지나가는 방법으로 뜨는데, 안쪽에 지나가는 실이 길어지면(5코 이상) 손가락이 걸리기 쉬우므로, 중간에 코 사이에 숨기면서 뜬다. 꿰맬 위치의 단에는 표시를 해둔다. 칼라는 막대바늘 4개로 1코고무뜨기를 하여 원통모양으로 뜬다. 밑단, 발 넣는 구멍, 칼라의 1코고무뜨기 코막음은 쫀쫀해지지 않게 주의한다.

front

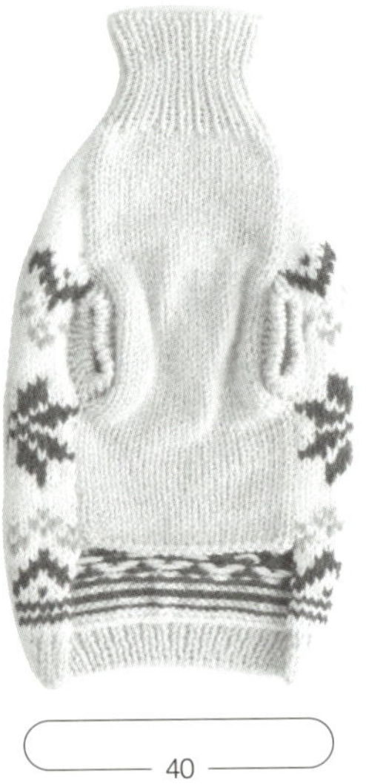

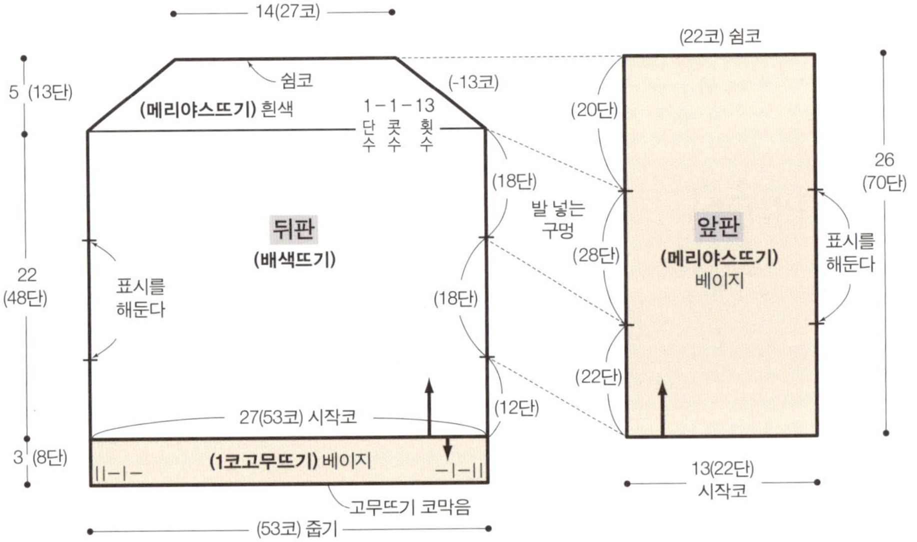

back

마무리

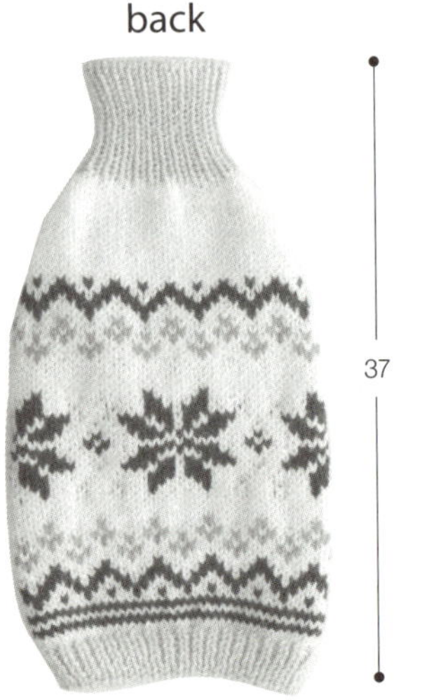

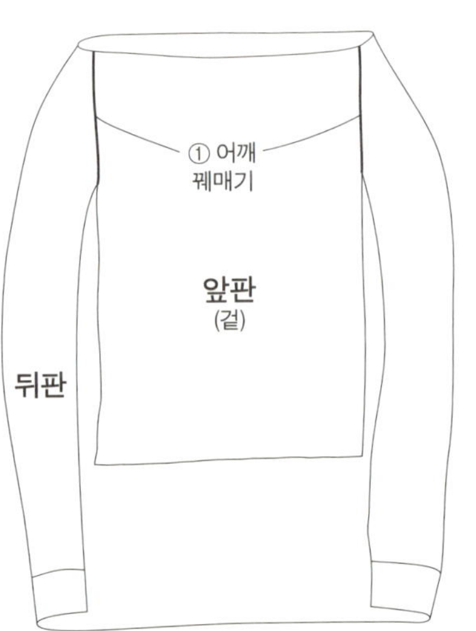

배색뜨기

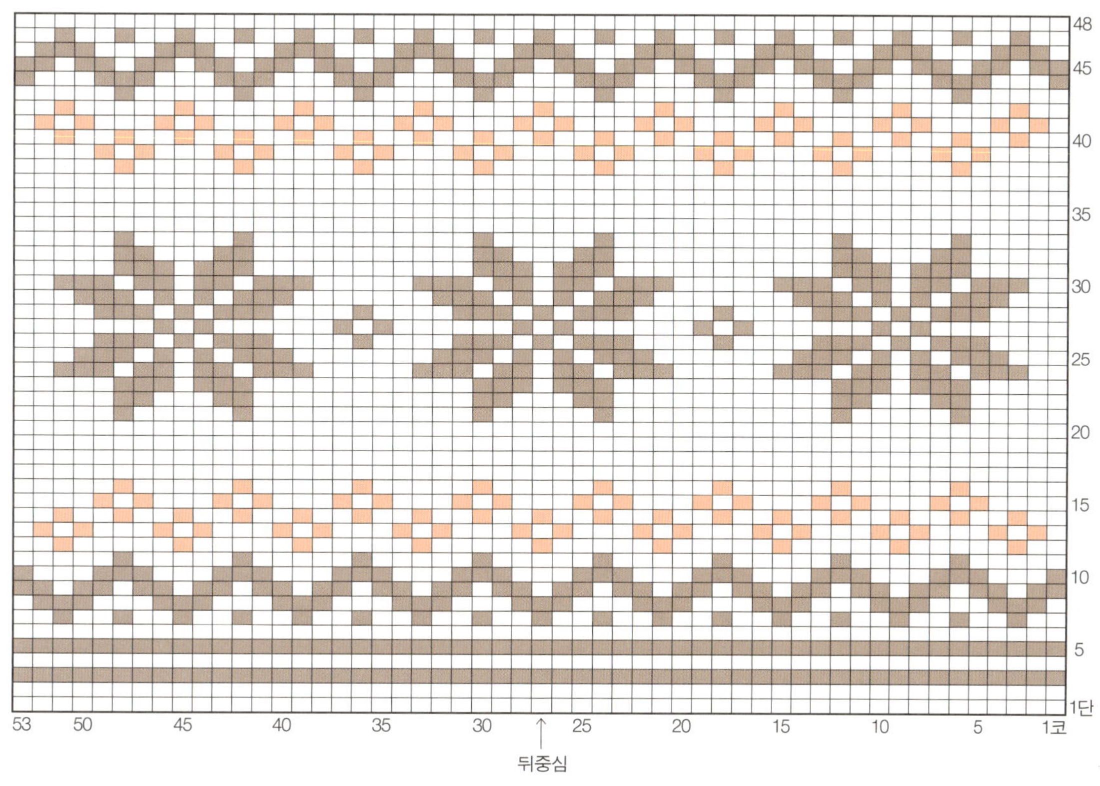

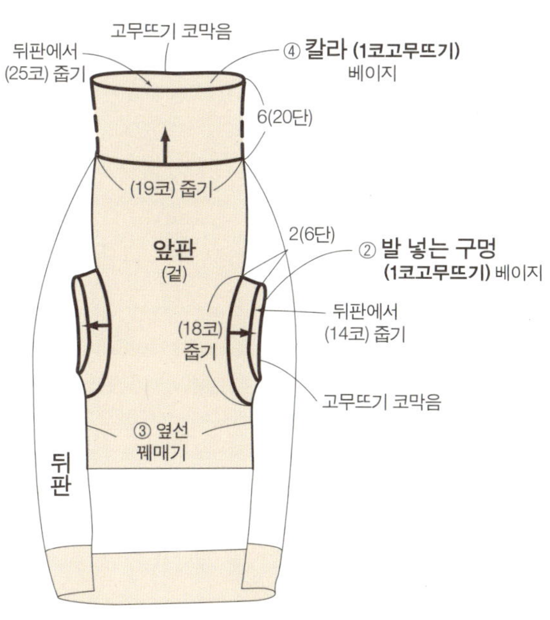

48
45
40
35
30
25
20
15
10
5
1단
53   50   45   40   35   30   25   20   15   10   5   1코
뒤중심

고무뜨기 코막음
뒤판에서 (25코) 줄기
④ 칼라 (1코고무뜨기) 베이지
6(20단)
(19코) 줄기
앞판 (겉)
2(6단)
② 발 넣는 구멍 (1코고무뜨기) 베이지
뒤판에서 (14코) 줄기
(18코) 줄기
고무뜨기 코막음
③ 옆선 꿰매기
뒤판

SIZE
M

강아지 스웨터와 페어룩인 핸드 워머

재 료 실 : 엑시드울 L
베이지(302번) 30g
흰색(301번) 25g
다갈색(305번) 10g
오렌지색(334번) 조금

도 구 대바늘 4㎜, 막대바늘 4개

게이지 메리야스뜨기 20코×32단(10㎠)

뜨개질 포인트

배색뜨기는 안쪽면에 실이 지나가는 방법으로 뜬다. 손바닥 쪽의 엄지손가락 구멍은 26단째에서 6코 코막음으로 코를 막고, 다음 단에서 같은 수만큼 감아코로 코를 만들어 편물에 구멍을 만든다(무늬도안 참조). 손바닥 둘레의 가터뜨기와 손목의 1코고무뜨기는 막대바늘 4개를 사용하여 원통모양으로 뜬다.

front

18

오른쪽 손바닥

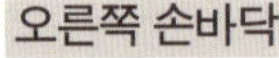
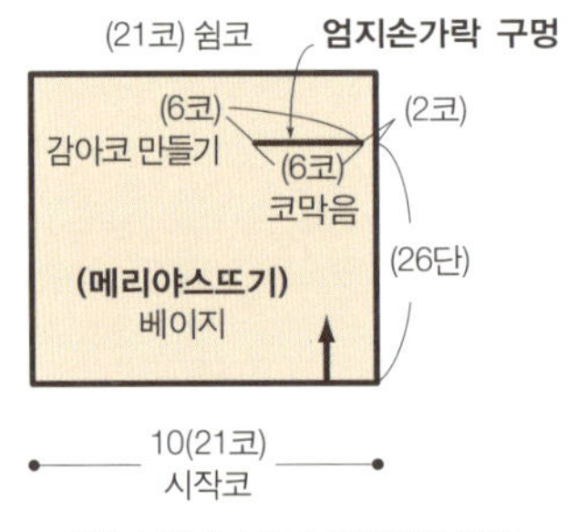

※ 왼쪽 손바닥은 좌우 대칭되게 뜬다

back

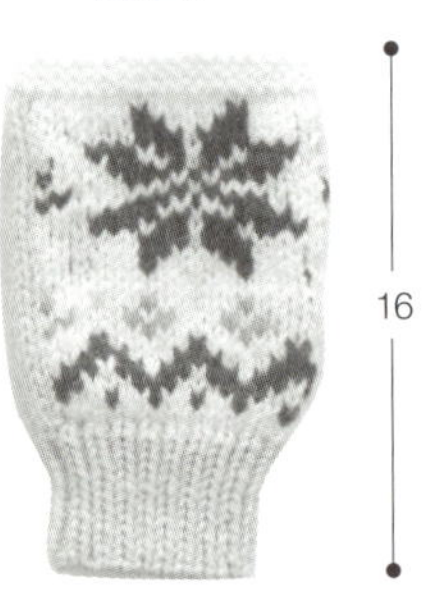

16

엄지손가락 구멍 뜨는 법

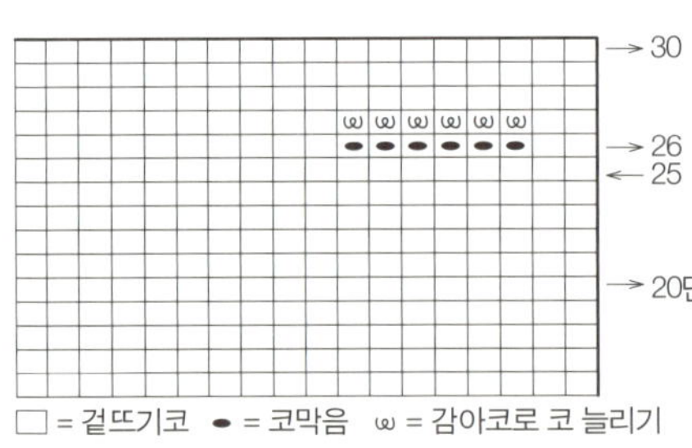

□ = 겉뜨기코   ● = 코막음   ω = 감아코로 코 늘리기

배색뜨기

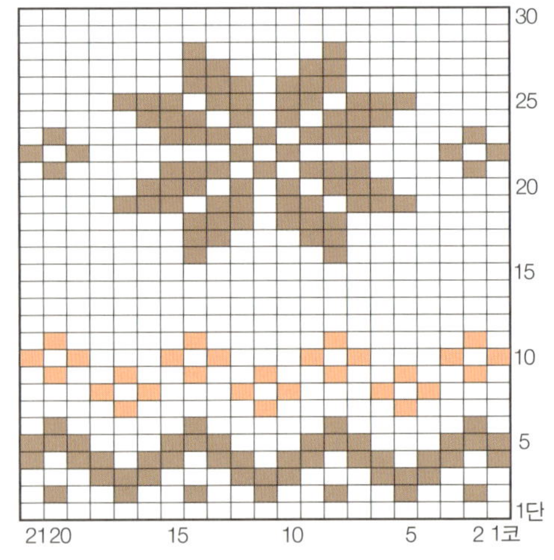

손바닥 둘레

닥스훈트 모양의 손뜨개 인형 2종류

재 료　실 : 하마나카 보니(Bonny)
　　　레드 – 베이지(418번) 135g
　　　다갈색(419번) 25g
　　　블랙탄 – 검은색(402번) 135g
　　　갈색(482번) 25g
　　　인형 단추눈 : 직경 1.5cm 2개(공통)
　　　합성솜 : 적당량(공통)

도 구　코바늘 8/0호

뜨개질 포인트

뜨는 방법은 모두 짧은뜨기. 각 부분을 지정된 색으로 뜨고, 귀를 제외한 나머지 부분에는 솜을 넣는다. 머리에 눈(인형 단추눈)을 달고, 블랙탄에는 눈썹을 수놓는다. 입에 코를 감침질로 단 후, 머리에 입을 감침질로 단다. 몸의 마지막 단에 남은 실을 꿰어 잡아당겨 오므린다. 머리를 몸에 감침질로 달고 난 후 다리와 꼬리를 몸에 감침질로 단다. 귀를 반으로 접어 남은 실로 꿰맨 후 머리에 감침질로 단다.

입　레드 = 베이지
　　블랙탄 … ✕ = 갈색, ☒ = 검은색

아래쪽

위쪽

✕ = 짧은뜨기 3코 모아뜨기

입

단	콧수	
7	31	
6	31	
5	31	(-2코)
4	33	
3	33	(+9코)
2	24	(+2코)
1	22	

※ 1단째는 사슬 9코의 시작코에 뜬다

다리　레드 = 베이지
　　　블랙탄 … ✕ = 갈색, ☒ = 검은색

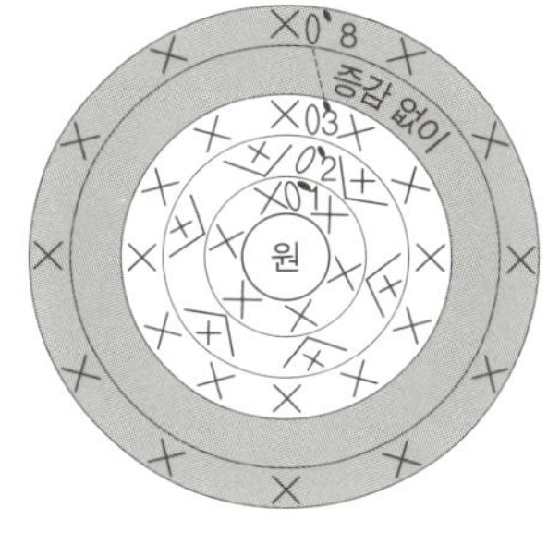

다리 4개

단	콧수		
검은색	8 ~ 4	12	증감 없이
갈색	3	12	
갈색	2	12	(+6코)
갈색	1	6	

※ 배색은 블랙탄의 색
※ 1단째는 둥근코 안에 뜬다

귀　레드 = 다갈색
　　블랙탄 = 검은색

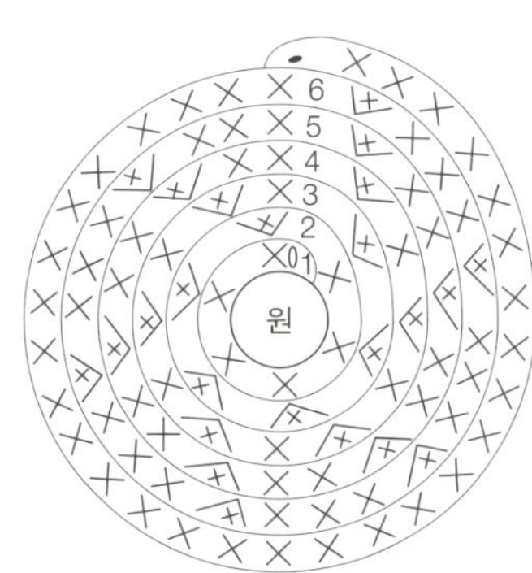

귀 2장

단	콧수	
6	30	
5	30	(+6코)
4	24	(+6코)
3	18	(+6코)
2	12	(+6코)
1	6	

※ 1단째는 둥근코 안에 뜬다

레드

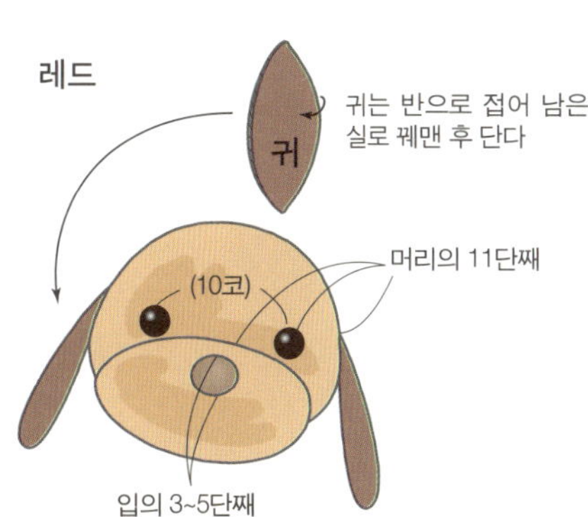

머리 레드 = 베이지
블랙탄 = 검은색

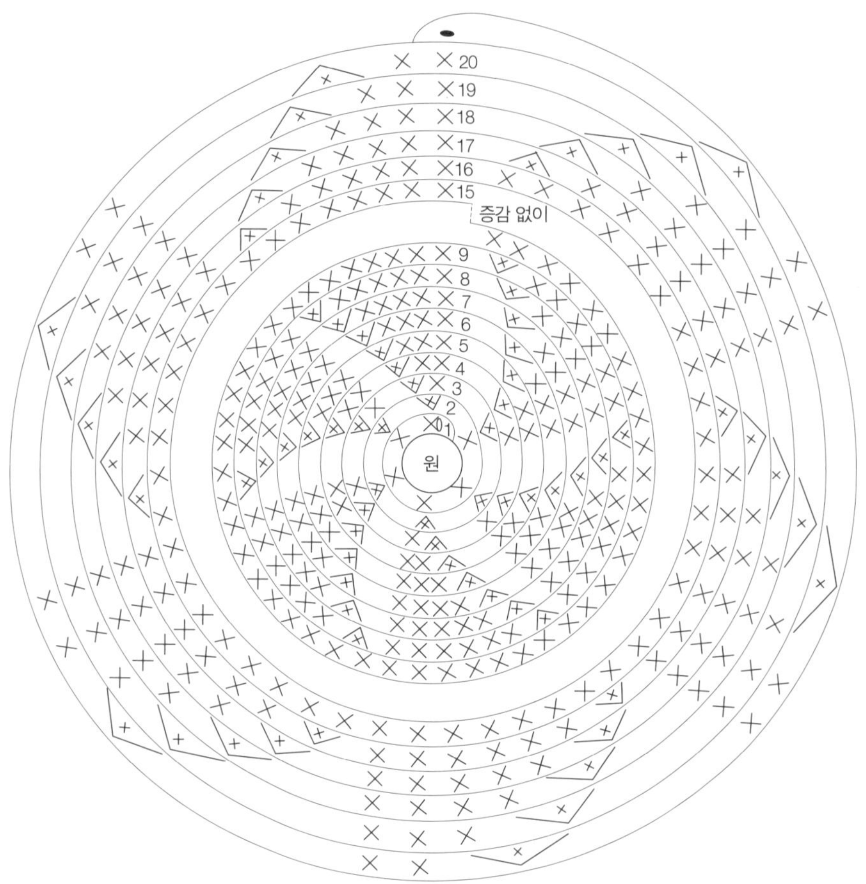

머리

단	콧수	
20	18	(-6코)
19	24	(-6코)
18	30	(-6코)
17	36	(-6코)
16	42	(-6코)
15 ~ 9	48	증감 없이
8	48	(+6코)
7	42	(+6코)
6	36	(+6코)
5	30	(+6코)
4	24	(+6코)
3	18	(+6코)
2	12	(+6코)
1	6	

※ 1단째는 둥근코 안에 뜬다

꼬리 레드 = 다갈색
블랙탄 = 검은색

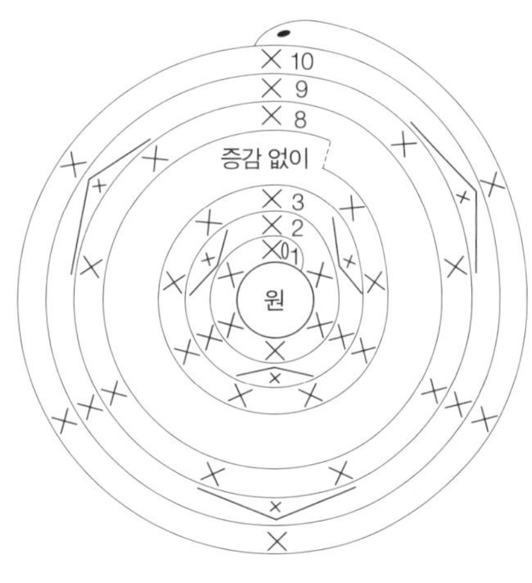

코 레드 = 다갈색
블랙탄 = 검은색

※ 편물의 안쪽이
겉이 되게 한다

꼬리

단	콧수	
10	6	
9	6	(-3코)
8 ~ 3	9	증감 없이
2	9	(+3코)
1	6	

※ 1단째는 둥근코 안에 뜬다

코

단	콧수	
3	9	
2	9	(+3코)
1	6	

※ 1단째는 둥근코 안에 뜬다

몸

레드 = 베이지
블랙탄 = 검은색

※남은 6코에 실을 꿰고, 솜을 넣은 후 잡아당겨 오므린다

엉덩이쪽

몸

단	콧수	
35	6	(-6코)
34	12	(-6코)
33	18	(-6코)
32	24	(-4코)
31 ~ 6	28	증감 없이
5	28	(+4코)
4	24	(+6코)
3	18	(+6코)
2	12	(+6코)
1	6	

※1단째는 둥근코 안에 뜬다

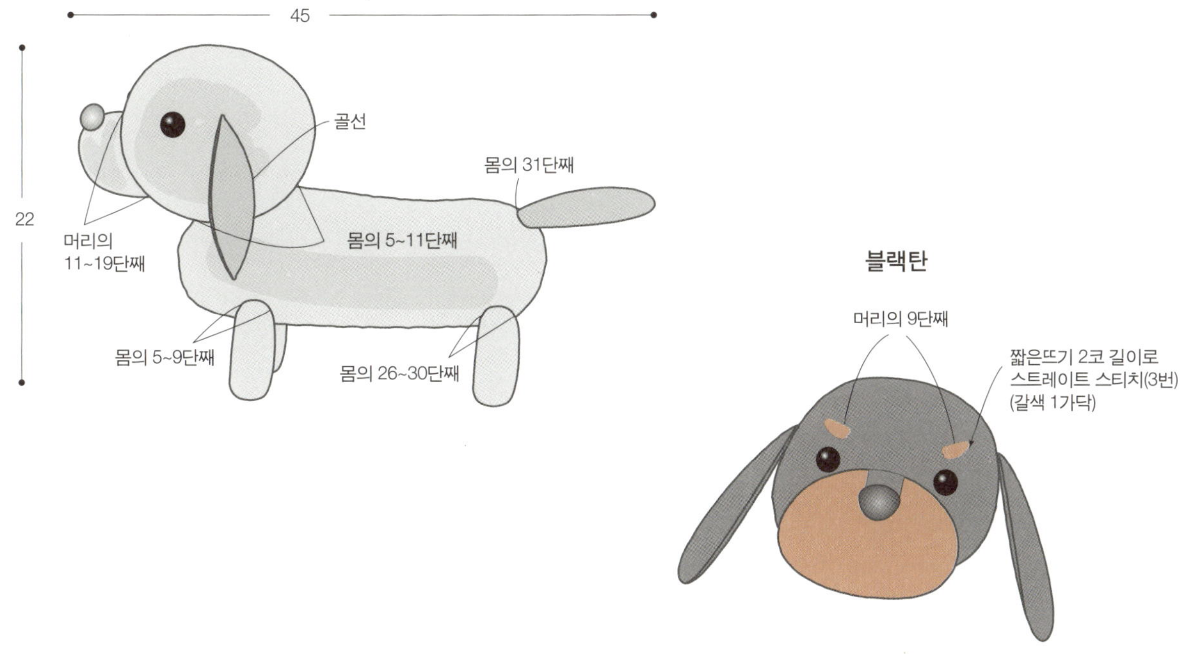

SIZE
M

방울 달린 노르딕 후드파카 2종류

재 료 실 : 엑시드울 L
파카A(다람쥐무늬) – 빨간색(335번) 70g
흰색(301번) 35g
파카B(사슴무늬) – 남색(325번) 70g
빨간색(335번) 25g
흰색(301번) 10g

도 구 대바늘 4.5㎜, 막대바늘 4개, 코바늘 6/0호

게이지 메리야스뜨기 18코×24단
배색뜨기 18코×22단(10㎠)

뜨개질 포인트

뜨는 방법은 같다. 배색뜨기는 뒤판과 앞판의 밑단, 후드 위쪽에 넣는다. 도안과 배색은 무늬도안을 참조하여 안쪽면에 실이 지나가는 방법으로 뜨는데, 이 실이 길어지면(5코 이상) 걸리기 쉬우므로 코 사이에 숨기면서 뜬다. 후드는 목둘레에서 43코를 주워가며 메리야스뜨기로 15㎝를 뜬 후 콧수를 좌우로 나누고, 편물을 겉끼리 맞대고 빼뜨기로 잇는다. 후드 둘레는 앞판 중심의 1코와 좌우에서 각각 코를 주워서 막대바늘 4개로 1코고무뜨기를 원통모양으로 뜬 후, 고무뜨기 코막음으로 마무리한다. 방울은 실을 네 손가락에 50~60번 정도 감고 튼튼한 실로 중앙을 단단히 묶은 후, 공모양을 만들어 단다.

front

35

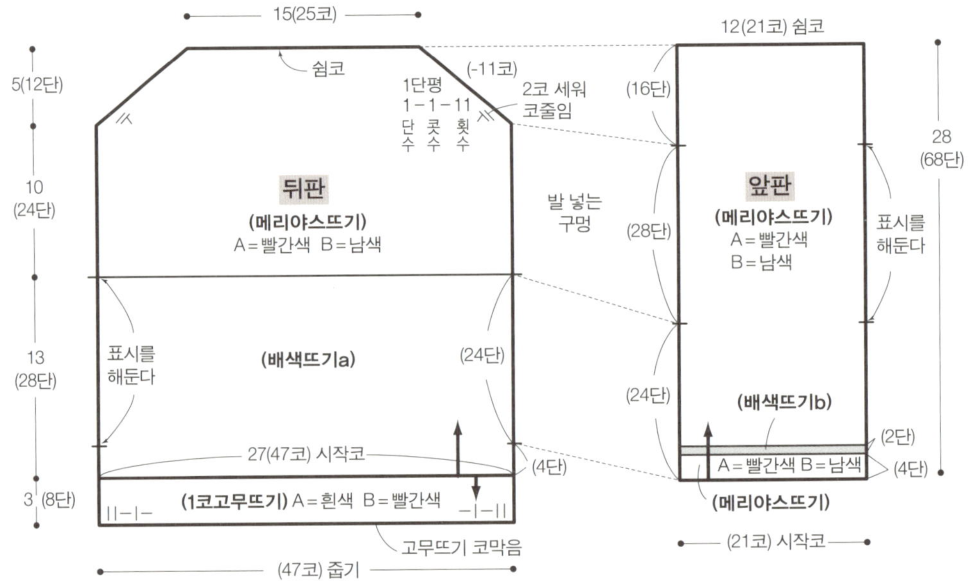

뒤판

15(25코)
5(12단)
쉼코
(-11코)
1단평
1-1-11
단 콧 횟
수 수 수
2코 세워
코줄임

뒤판
(메리야스뜨기)
A = 빨간색 B = 남색

10(24단)

13(28단)

표시를 해둔다

(배색뜨기a)

발 넣는 구멍

(24단)

27(47코) 시작코

3(8단)

||-|- **(1코고무뜨기)** A = 흰색 B = 빨간색 -|-||

고무뜨기 코막음

(47코) 줍기

앞판

12(21코) 쉼코
(16단)
28(68단)

앞판
(메리야스뜨기)
A = 빨간색
B = 남색

표시를 해둔다

(28단)

(24단)

(배색뜨기b)

(2단)
A = 빨간색 B = 남색
(4단)

(메리야스뜨기)

(21코) 시작코

back

42

파카 B   파카 A

마무리

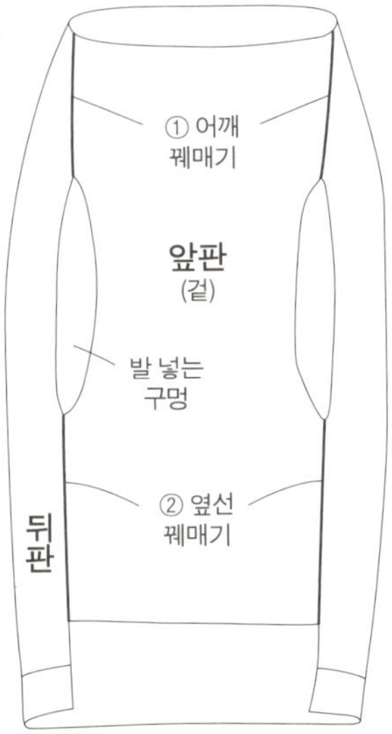

① 어깨 꿰매기

앞판
(겉)

발 넣는 구멍

② 옆선 꿰매기

뒤판

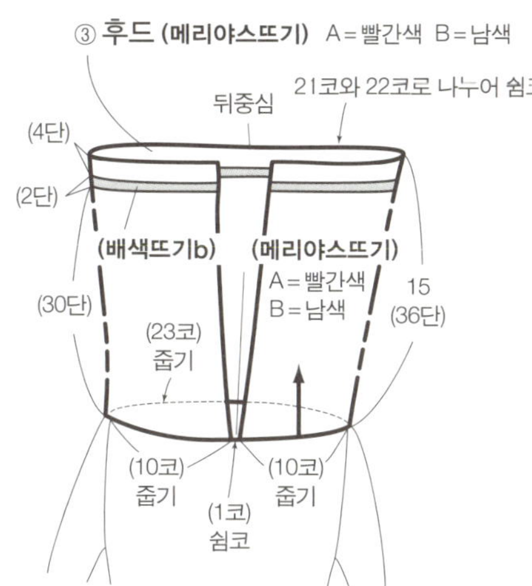

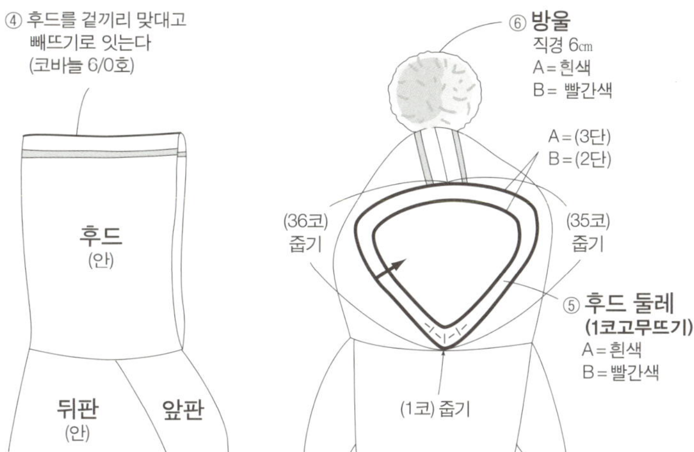

파카A의 배색뜨기a

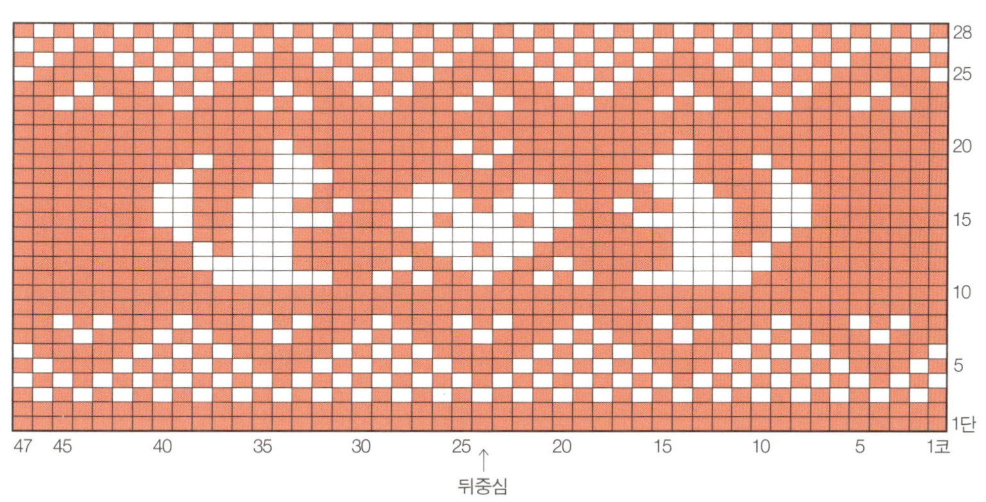

파카B의 배색뜨기a

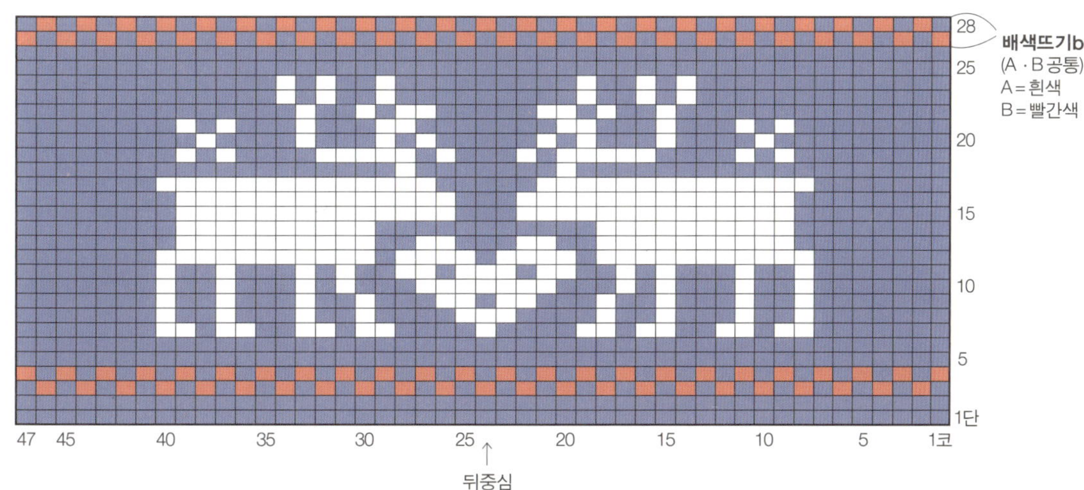

P

p.24

SIZE
M

깜찍한 프릴 스웨터

재 료	실 : 하마나카 데니스
	검은색(17번) 35g
	핑크(9번) 10g
	엑시드울 FL
	흰색(201번) 조금
도 구	막대바늘 4㎜ 4개, 코바늘 4/0호 · 5/0호
게이지	메리야스뜨기 18코×26단
	배색뜨기 18코×22단(10㎠)

뜨개질 포인트

뒤판의 배색뜨기는 안쪽면에 실이 지나가는 방법으로 뜬다. 지나가는 실을 적당히 조절하며 뜨지 않으면 편물이 느슨해지거나 쫀쫀해지므로, 뜨개코가 자연스러운 상태가 되도록 실을 지나가게 하는 것이 포인트. 밑단의 프릴은 코바늘로 뜬다. 6단째는 2단째의 첫코에 실을 넣어 짧은뜨기 1코와 사슬 3코를 뜬 후, 계속해서 2단째의 사슬코를 모두 주워가며 짧은뜨기 1코와 사슬 3코를 반복한다. 칼라는 목둘레에서 40코를 주워가며 원통모양으로 1코고무뜨기를 한다.

front

back

앞판

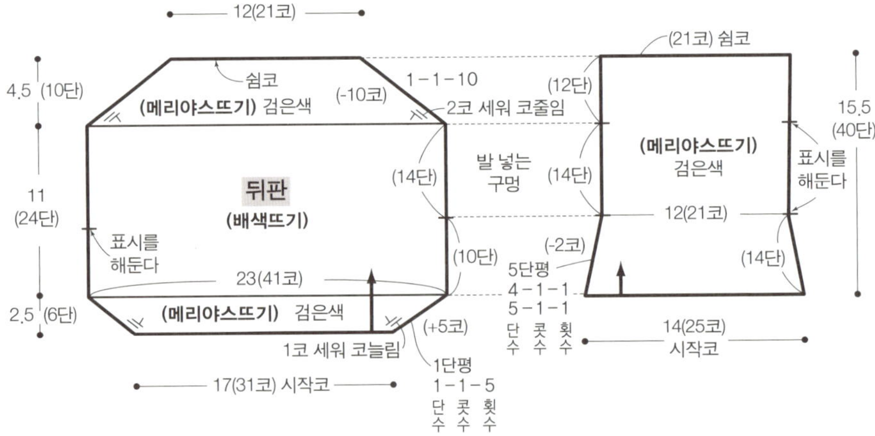

뒤판
(배색뜨기)

밑단의 프릴 (무늬뜨기)
코바늘 5/0호 · 4/0호

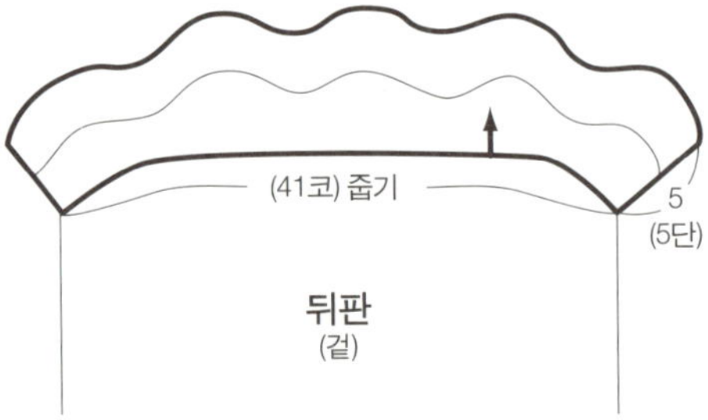

마무리

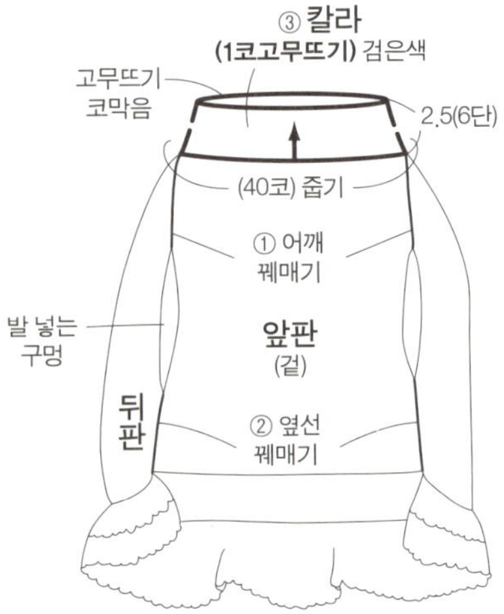

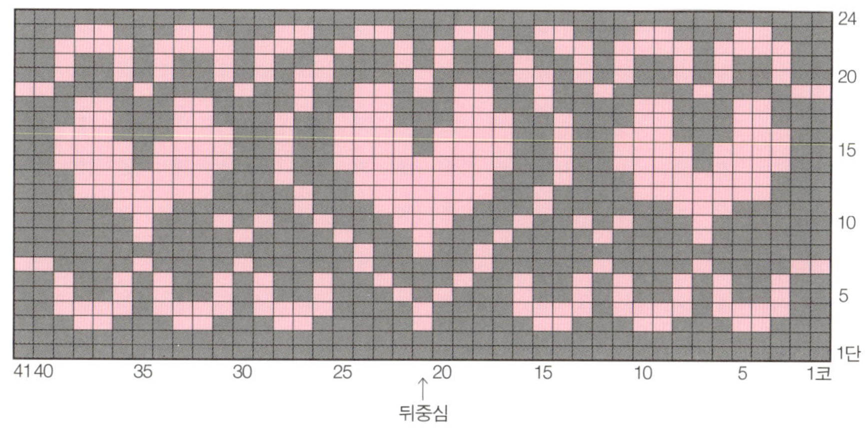

프릴의 무늬뜨기
코바늘 5/0호 검은색

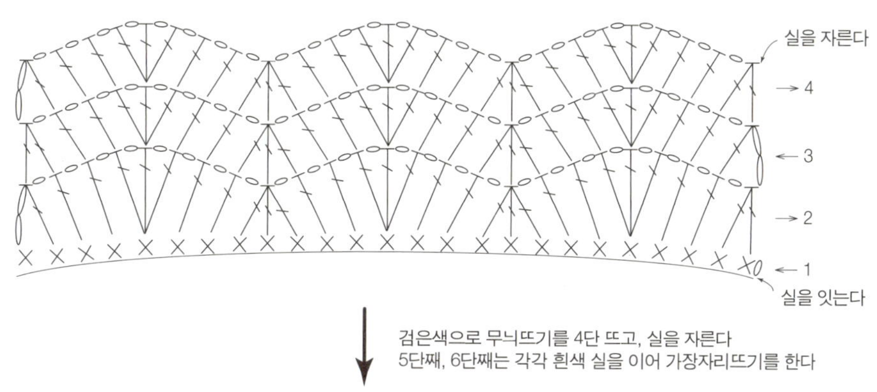

검은색으로 무늬뜨기를 4단 뜨고, 실을 자른다
5단째, 6단째는 각각 흰색 실을 이어 가장자리뜨기를 한다

무늬뜨기의 가장자리뜨기
코바늘 4/0호 흰색

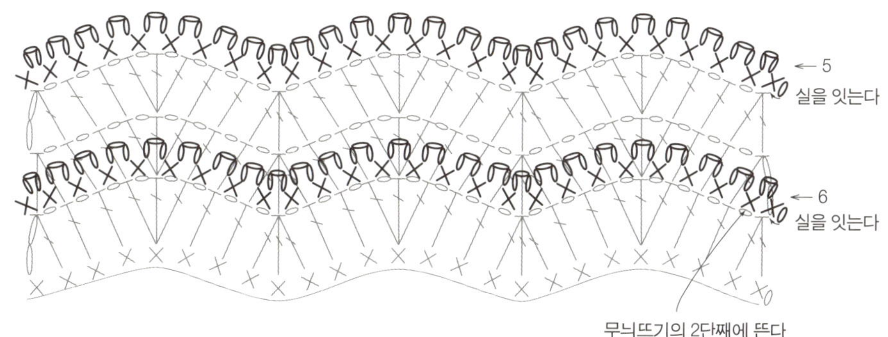

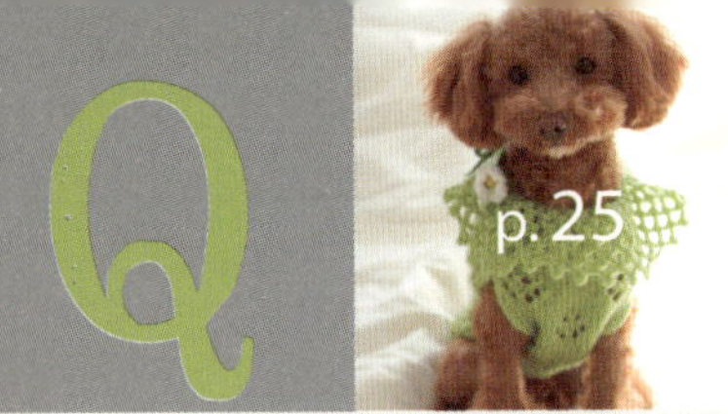

Q

소녀풍의 얇은 레이스 니트

재료 실 : 하마나카 데니스
연두색(53번) 60g
그린(46번) 조금
엑시드울 FL
흰색(201번) 조금
나무 비즈 : 직경 0.8㎝ 노란색 2개

도 구 대바늘 4㎜, 코바늘 4/0호 · 5/0호

게이지 구멍무늬 19코×26단(10㎠)

🧶 뜨개질 포인트

몸통은 연두색 실과 대바늘로 구멍무늬를 뜬다. 무늬는 겉면(이 경우는 홀수단)에 뜨면 쉽다. 뒤판과 앞판의 어깨와 옆선을 꿰매기로 이은 다음, 칼라를 코바늘(5/0호)로 뜬다. 1단째는 몸통의 겉을 보고, 앞판 중심에 실을 넣어 뜨기 시작한다. 한 바퀴를 돌아 1단을 뜨면 편물을 뒤집어서, 2단째부터는 몸통의 안을 보고 사슬코와 짧은뜨기로 그물뜨기를 하고, 7단째는 사슬코 사이에 사슬 3코의 피코를 만든다. 그물뜨기한 편물을 접어서 뒤집으면 편물의 겉이 바깥쪽으로 나온다. 끈은 그린(5/0호), 모티브는 그린과 흰색 실(4/0호)을 사용해 코바늘로 뜬다. 끈을 칼라에 끼운 후 꽃모티브를 단다.

front

37

back

24

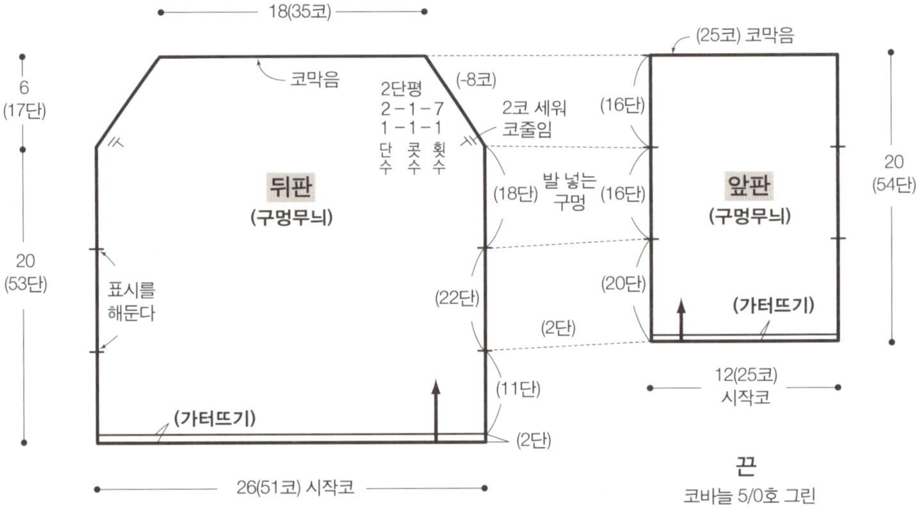

뒤판
(구멍무늬)

18(35코)

코막음

2단평
2-1-7
1-1-1
단수 콧수 횟수

(-8코)

2코 세워
코줄임

(18단) 발 넣는 구멍

표시를 해둔다

(22단)

6
(17단)

20
(53단)

(가터뜨기)

(11단)

(2단)

26(51코) 시작코

앞판
(구멍무늬)

(25코) 코막음

(16단)

(16단)

(20단)

(가터뜨기)

(2단)

20
(54단)

12(25코)
시작코

마무리

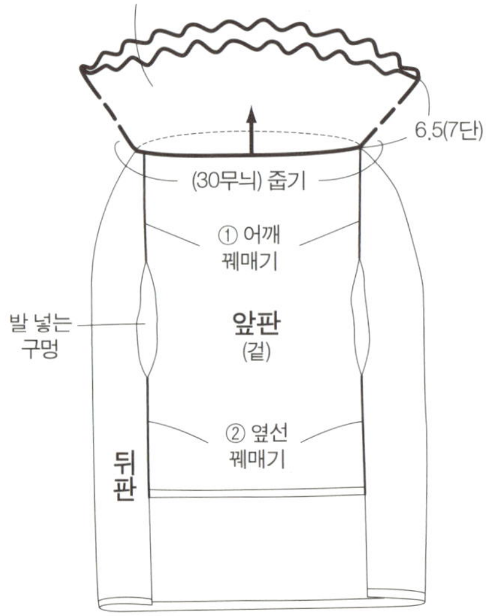

③ 칼라 (그물뜨기) 코바늘 5/0호

(30무늬) 줍기

6.5(7단)

① 어깨 꿰매기

발 넣는 구멍

앞판
(겉)

뒤판

② 옆선 꿰매기

끈
코바늘 5/0호 그린

1

(150코)

실 끝을 약 10㎝ 남긴다

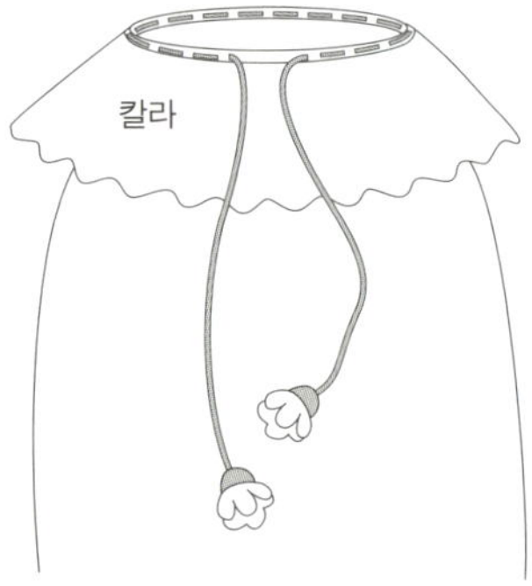

칼라

모티브 마무리

(안)

비즈

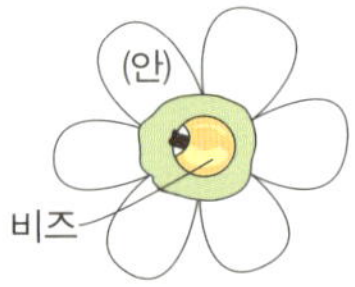

끈 끝의 남은 실을 모티브 중심에 끼운 후, 비즈 구멍에 끼워서 묶는다

구멍무늬 (1무늬 14코 × 16단)

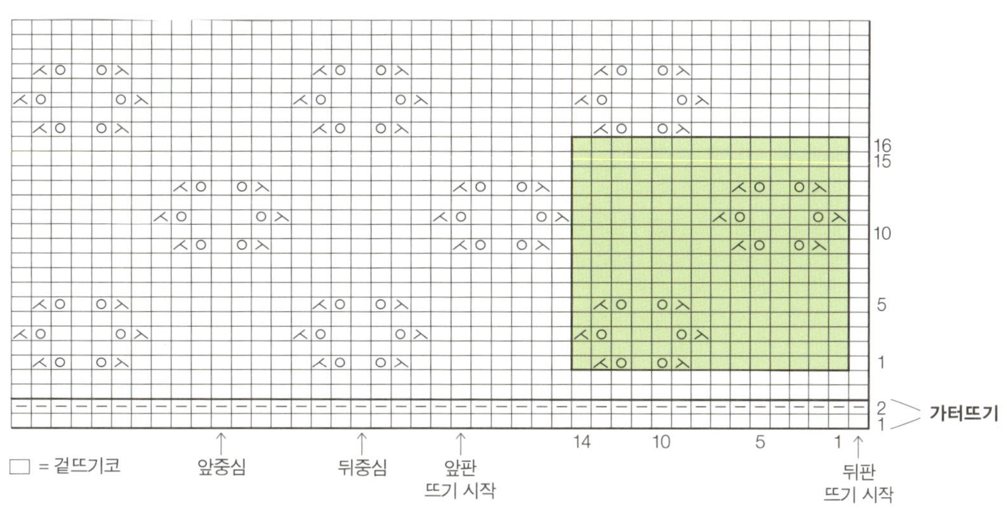

그물뜨기

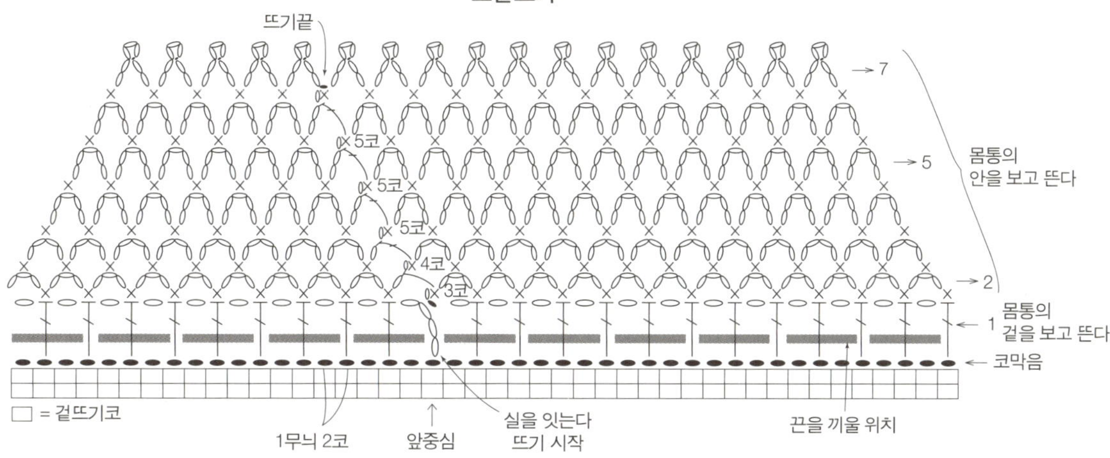

모티브
코바늘 4/0호 2장

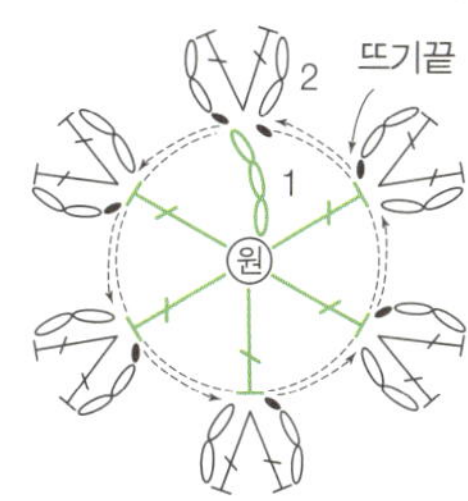

※ 안쪽을 겉으로 사용한다
1단째 = 그린, 2단째 = 흰색

블루와 핑크, 노르딕 스웨터 2종류

재료 실 : 엑시드울 L
　　　 A - 연한블루(322번) 75g, 흰색(301번) 25g
　　　 B - 연한핑크(306번) 75g, 흰색(301번) 25g

도구 대바늘 4mm, 막대바늘 4개

게이지 메리야스뜨기 18코×28단
　　　　 배색뜨기 20코×24단(10㎠)

뜨개질 포인트

뜨는 법은 A, B 공통. 배색뜨기는 안쪽면에 실이 지나가는 방법으로 뜨며, 무늬a의 안쪽에 지나가는 실이 길어지면(5코 이상) 손가락이 걸리기 쉬우므로 뜨는 중간에 코 안에 숨기는 것이 좋다. 마무리는 패턴도안의 번호순으로 진행한다. 칼라는 원통모양으로 뜬다. 밑단, 발 넣는 구멍, 칼라의 1코고무뜨기를 끝낼 때는 고무뜨기로 코막음을 한다.

front

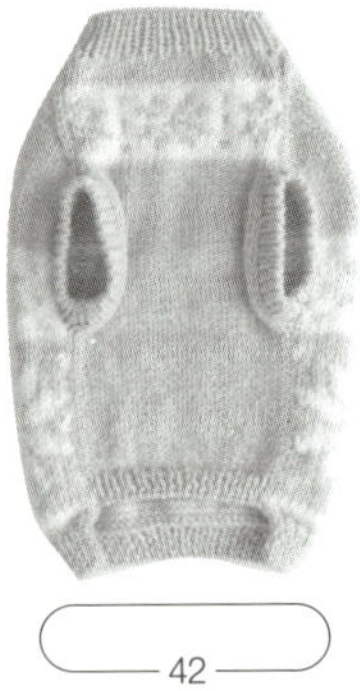

back

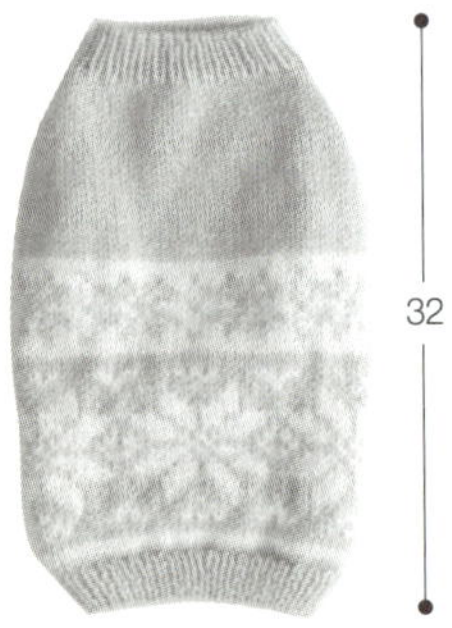

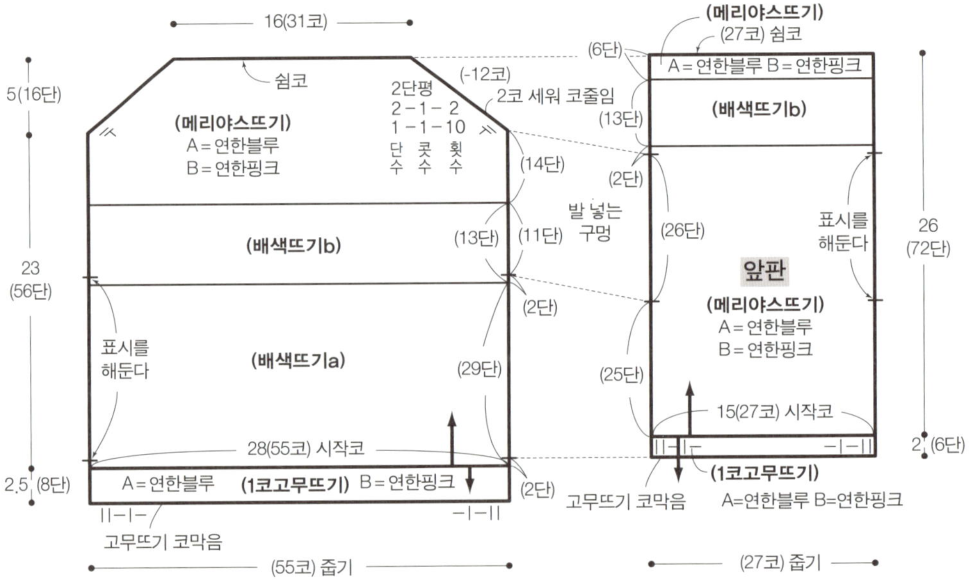

42

23
(56단)

2.5 (8단)

32

뒤판

16(31코)

5(16단)

쉼코

2단평
2-1-2
1-1-10
단 콧 횟
수 수 수

(-12코)
2코 세워 코줄임

(메리야스뜨기)
A = 연한블루
B = 연한핑크

(14단)

(배색뜨기b)

(13단)

(11단)

발 넣는
구멍

(2단)

표시를
해둔다

(배색뜨기a)

(29단)

28(55코) 시작코

A = 연한블루　**(1코고무뜨기)**　B = 연한핑크

(2단)

고무뜨기 코막음

(55코) 줄기

(메리야스뜨기)
(27코) 쉼코
(6단)

A = 연한블루 B = 연한핑크

(13단)

(배색뜨기b)

(2단)

(26단)

앞판

(메리야스뜨기)
A = 연한블루
B = 연한핑크

표시를
해둔다

26
(72단)

(25단)

15(27코) 시작코

(1코고무뜨기)
A=연한블루 B=연한핑크

고무뜨기 코막음

2 (6단)

(27코) 줄기

마무리

① 어깨
꿰매기

앞판
(겉)

뒤판

배색뜨기 (a는 1무늬 18코, b는 1무늬 12코)
앞중심
13
10
b
5
1
29
25
20
a
15
10
5
1단
18 15 10 5 1코
앞판 뜨기 시작
(배색뜨기b)
뒤판
뜨기 시작
뒤중심

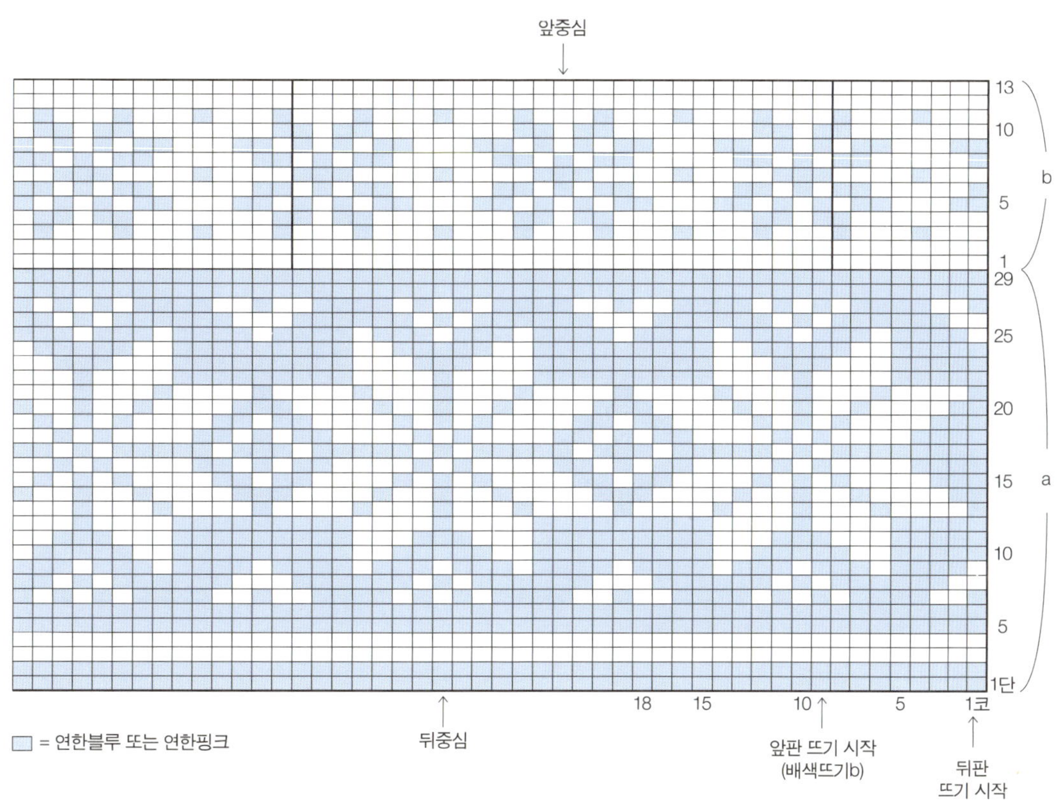

☐ = 연한블루 또는 연한핑크

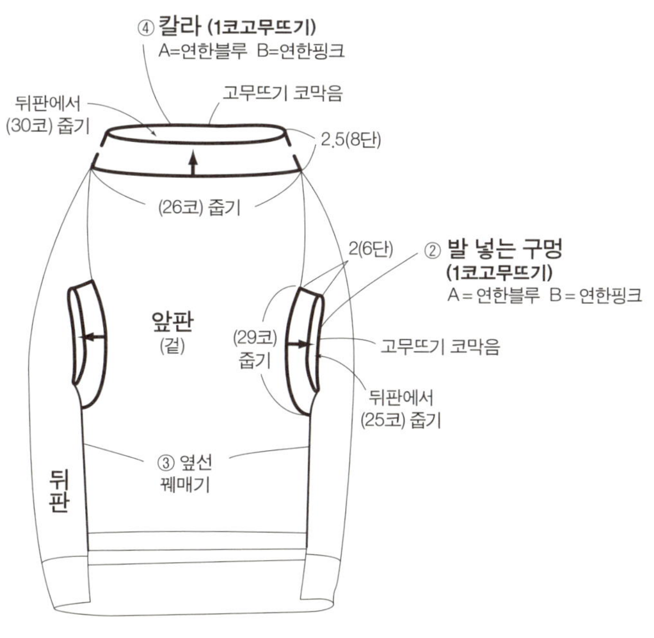

④ 칼라 (1코고무뜨기)
A=연한블루 B=연한핑크
고무뜨기 코막음
뒤판에서
(30코) 줍기
2.5(8단)
(26코) 줍기
2(6단)
② 발 넣는 구멍
(1코고무뜨기)
A = 연한블루 B = 연한핑크
앞판
(겉)
(29코)
줍기
고무뜨기 코막음
뒤판에서
(25코) 줍기
③ 옆선
꿰매기
뒤판

R

SIZE
M

노르딕 스웨터의 커플룩 핸드 워머

재 료 실 : 엑시드울 L
연한블루(322번) 35g
흰색(301번) 10g

도 구 막대바늘 4㎜ 4개

게이지 메리야스뜨기 18코×28단
배색뜨기 20코×24단(10㎠)

뜨개질 포인트

손등의 배색뜨기는 p.66의 스웨터 일부를 사용하였다. 엄지손가락 구멍은 24단째에서 6코 코막음으로 코를 막고, 다음 단에서 같은 수만큼 감아코를 만들어 편물에 구멍을 만든다(무늬도안 참조). 손바닥 둘레의 가터뜨기와 손목의 1코고무뜨기는 막대바늘 4개를 사용하여 원통모양으로 뜬다.

front

오른쪽 손바닥

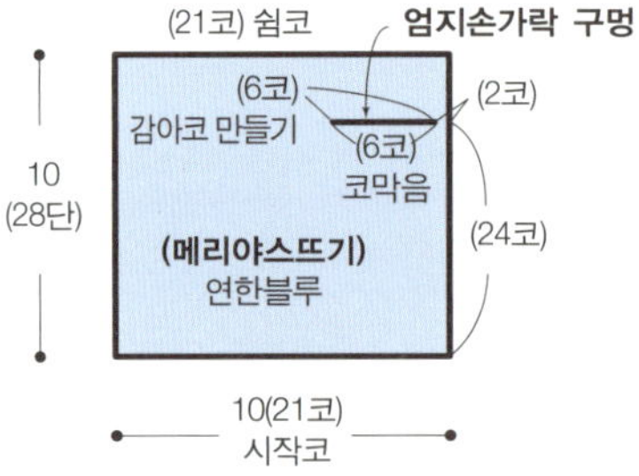

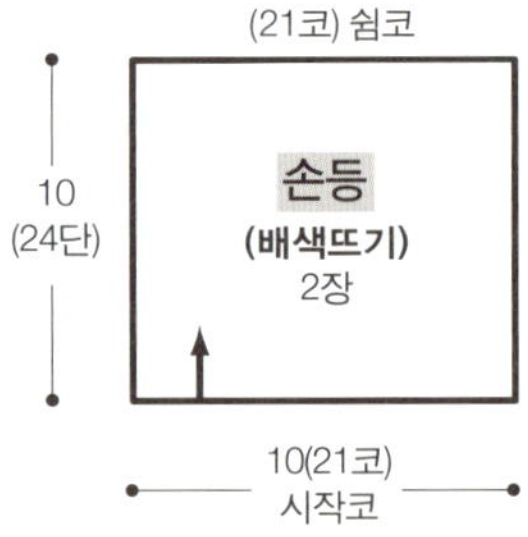

※ 왼쪽 손바닥은 좌우 대칭되게 뜬다

back

엄지손가락 구멍 뜨는 법

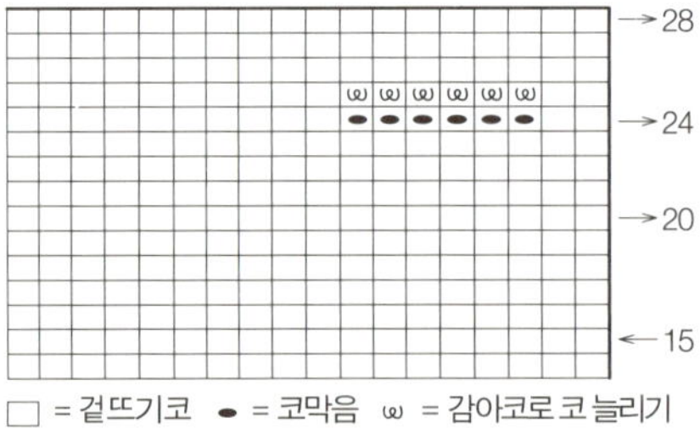

배색뜨기

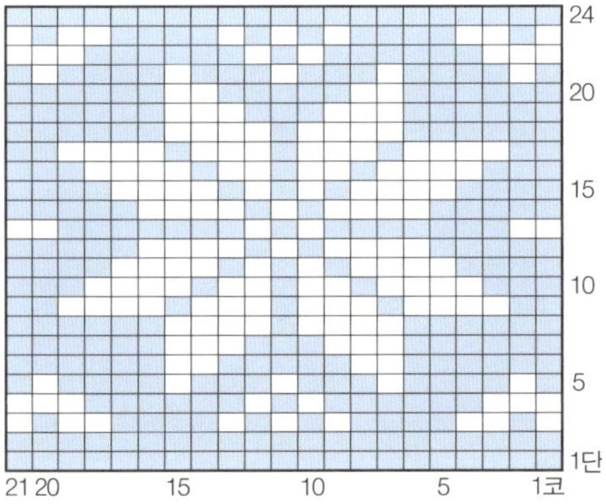

손바닥 둘레

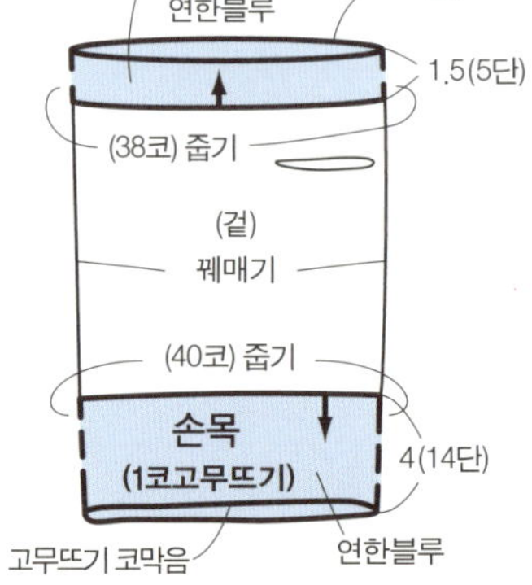

축구공 모양의 장난감

재 료 실 : 하마나카 보니
　　　 흰색(401번) 60g
　　　 검은색(402번) 30g
　　　 합성솜 : 적당량
도 구 코바늘 8/0호

🧶 뜨개질 포인트
원형뜨기로 시작코를 만들어 도안을 참조하면서, 오각형은 검은색으로
12장, 육각형은 흰색으로 각각 20장을 뜬다. 안쪽을 겉으로 사용하여 감침질
로 맞대고 꿰매 공모양을 만들고, 합성솜을 넣는다.

육각형
흰색 20장

오각형
검은색 12장

감침질은
꿰매는 실이 겉에서
보이지 않게 꿰맨다

편물은 안쪽을 겉으로
사용한다

15

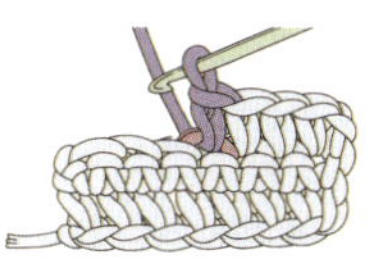

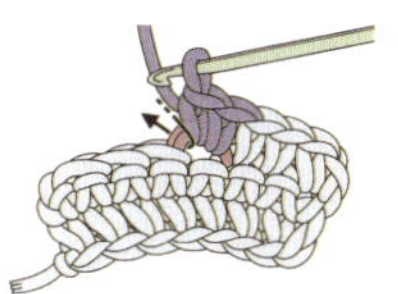

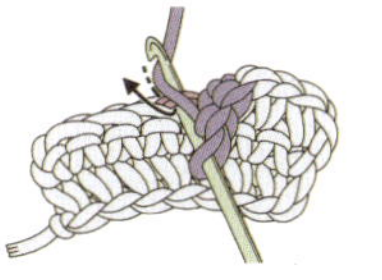

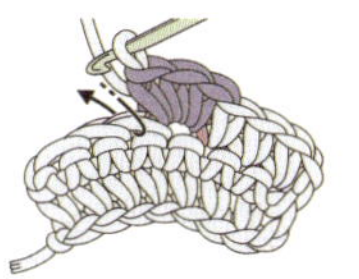

1. 첫번째 짧은뜨기를 뜬다

2. 같은 코에서 다시 한 번
짧은뜨기를 뜬다

3. 같은 코에 모두 3코의 짧
은뜨기를 떠 넣는다

4. 짧은뜨기 3번 1코에서
뜨기 완성

올록볼록 퍼프무늬 숄더백

재 료　실 : 멘즈 클럽 마스터
　　　　미색(1번) 150g

도 구　대바늘 4mm, 코바늘 5/0호

게이지　무늬뜨기 1무늬 10코(약 6cm)×20단(약 7.5cm)

뜨개질 포인트

무늬뜨기는 5단까지 2코씩 코를 늘리고, 1단은 증감 없이 뜨고, 다음 5단은 2코씩 코를 줄인다. 이렇게 하면 편물이 원형으로 볼록한 상태가 되어 입체감 있는 퍼프(puff)모양이 완성된다. 늘리는 콧수와 줄이는 콧수를 같게 하는 것이 포인트로, 무늬 중심의 1코는 변하지 않는다. A면과 B면은 퍼프모양이 번갈아 이어지도록 뜨개질을 시작하는 단이 다른 것을 주의한다. 양 옆선을 맞대어 꿰맨 후, 가방 입구에 코바늘로 가장자리뜨기를 한다. 손잡이도 코바늘로 뜬 다음, 가방의 양 옆선에 튼튼하게 달아 고정한다.

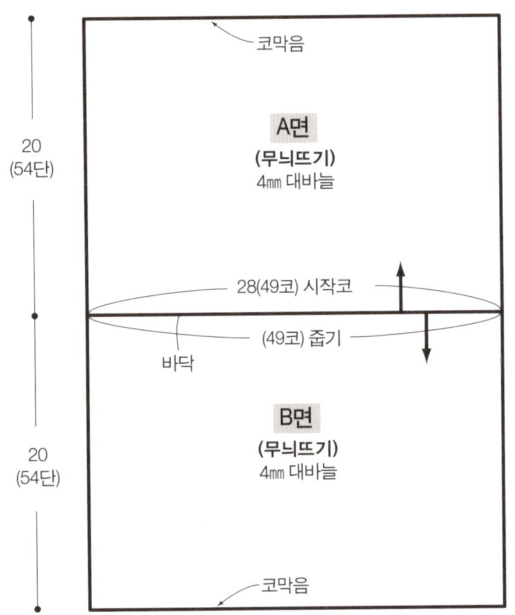

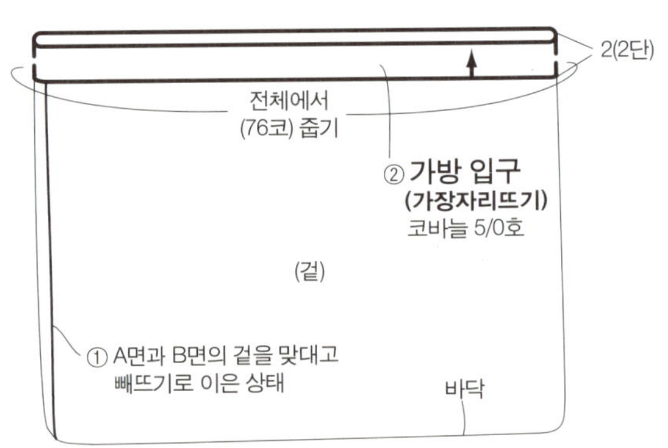

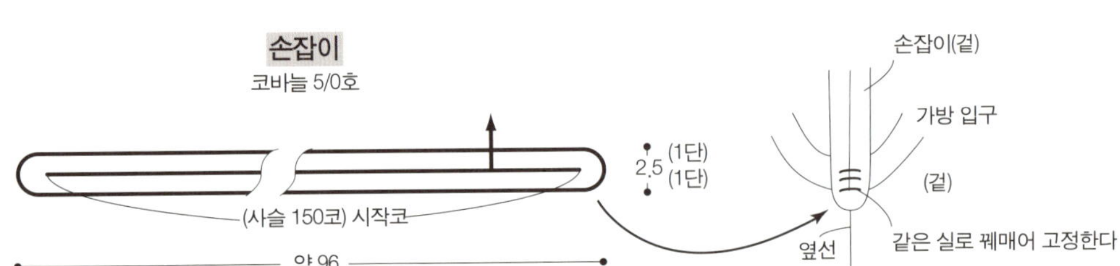

무늬뜨기 (1무늬 10코×20단)

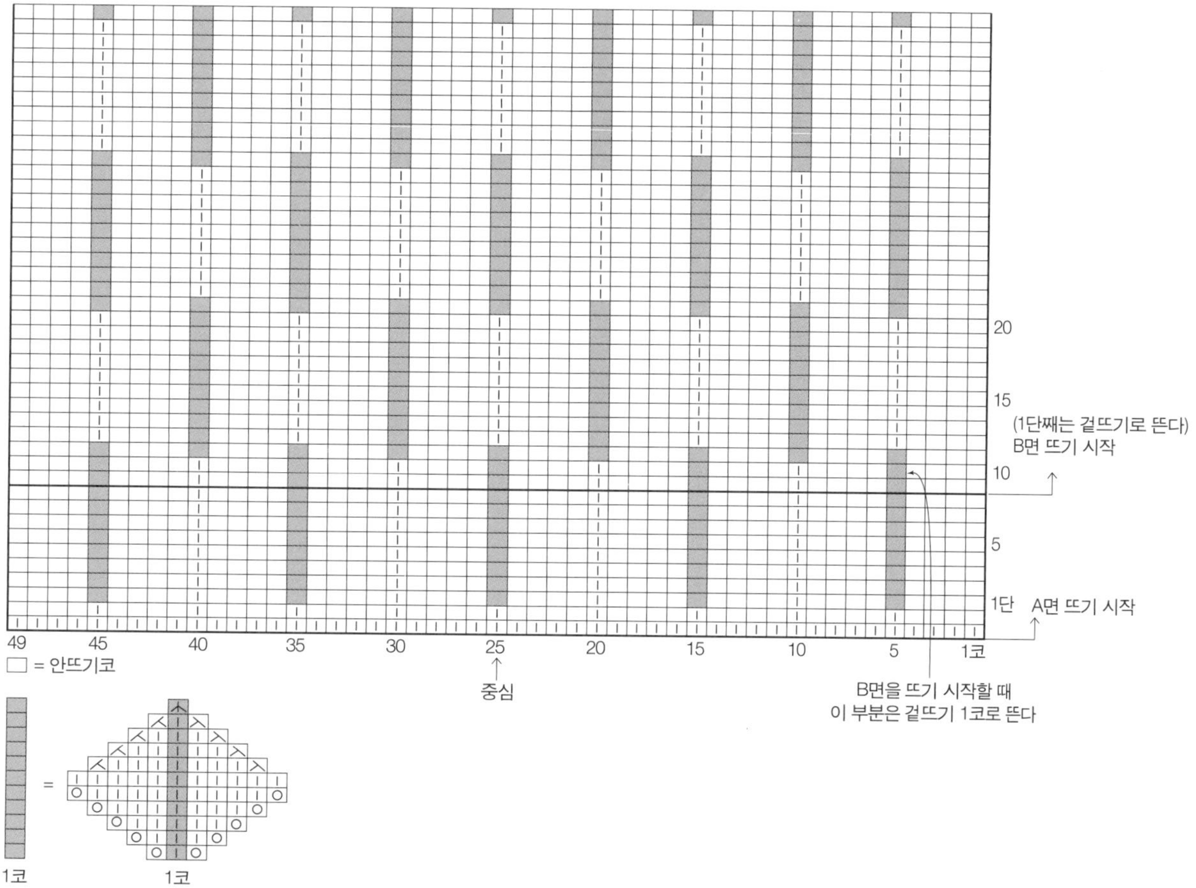

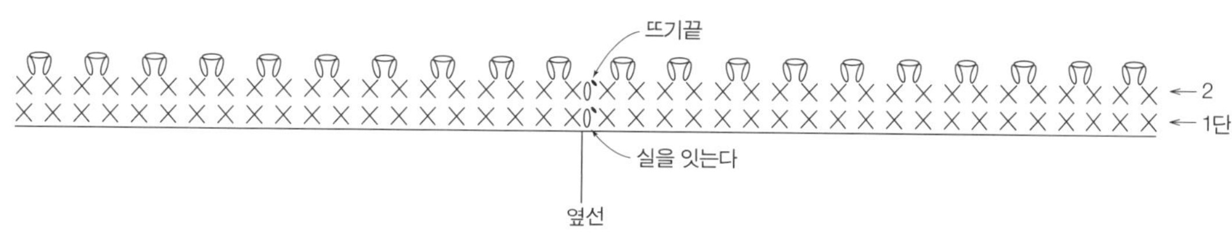

가장자리뜨기

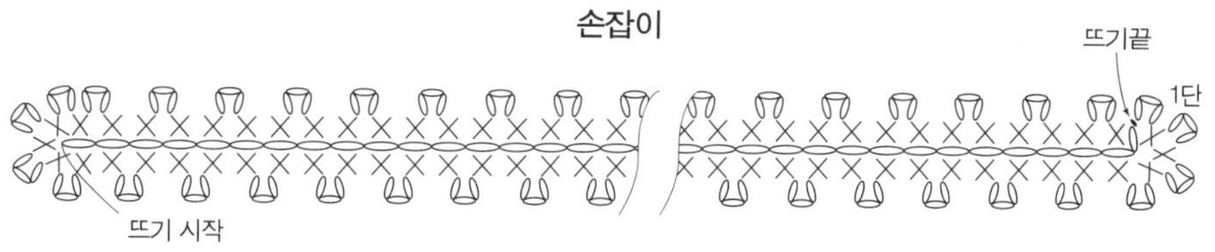

손잡이

뼈다귀 모양의 장난감

재 료	실 : 하마나카 펠티
	흰색(1번) 또는
	베이지(4번) 70g
	합성솜 : 적당량
도 구	코바늘 8/0호

뜨개질 포인트

원형뜨기의 시작코를 만들어 4단째까지 원기둥모양을 2개 뜬 후, 5단째에서 2개의 원형에서 코를 주워 10단째까지 장난감의 반을 하나 뜨고, 같은 방법으로 원기둥모양에서 코를 주워 9단째까지 장난감의 반을 하나 더 뜬다. 합성솜을 넣고 각각 감침질로 맞대어 꿰맨다.

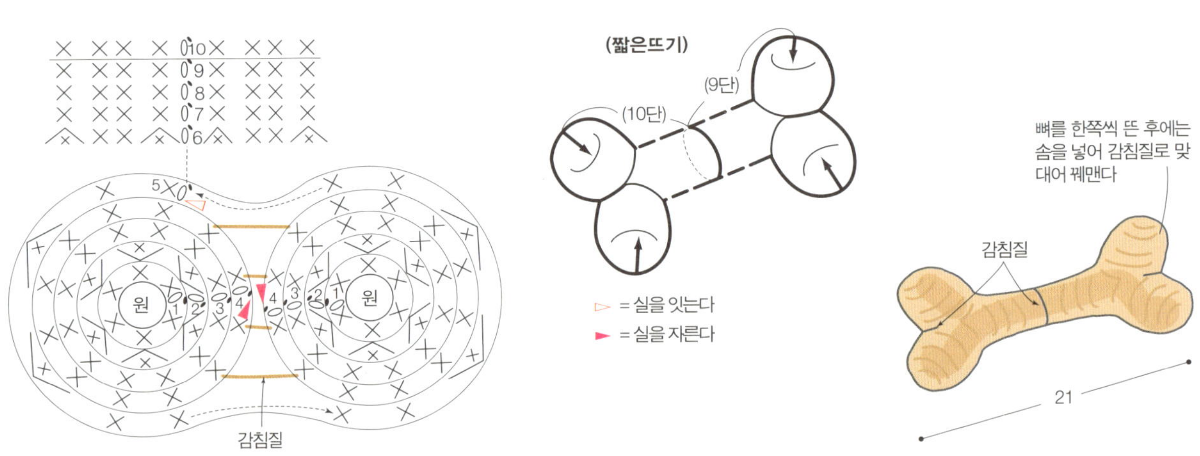

P.73 계속 ―

귀 ┃ 크림＆화이트…베이지
블랙탄… ☒ =흰색 ☒ =검은색

입 ┃ 크림＆화이트…흰색
블랙탄…도안 색 참조 ┃ ⌒ =짧은뜨기 3코 모아뜨기

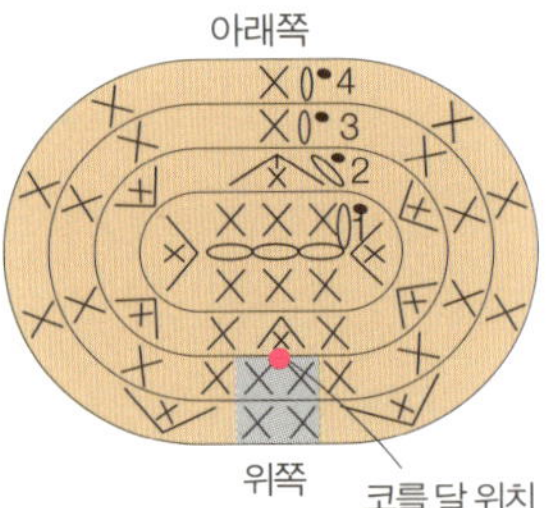

입

단	콧수	
4	11	(-2코)
3	13	증감 없이
2	13	(+3코)
1	10	

※1단째는 사슬 3코의 시작코에 뜬다

귀 2장

단	콧수	
7	14	⎫ 증감 없이
6	14	
5	14	(+2코)
4	12	(+2코)
3	10	(+5코)
2	5	증감 없이
1	5	

※1단째는 둥근코 안에 뜬다

꼬리 ┃ 블랙탄…검은색

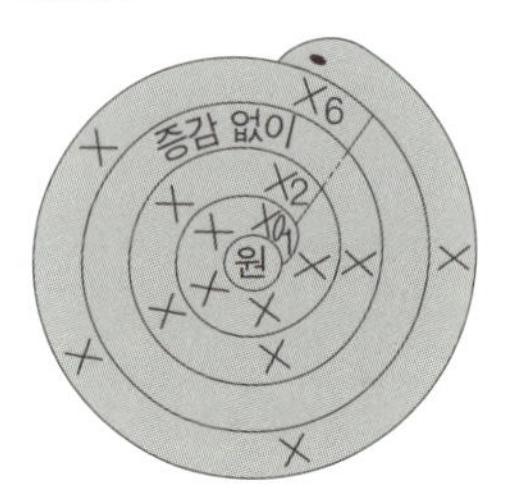

꼬리

단	콧수	
6 ⎫ 2	5	증감 없이
1	5	

※1단째는 둥근코 안에 뜬다

치와와 모양의 손뜨개 인형 2종류

재 료	실 : 블랙탄 – 어번 라이프 크라프트 모헤어
	검은색(16번) 11g, 갈색(11번), 흰색(1번) 각 2g
	크림&화이트 – 어번 라이프 크라프트 모헤어
	흰색(1번) 4g, 베이지(10번) 13g
	합성솜 : 적당량(공통)
	플라스틱 눈 : 10.5mm 갈색 2개(블랙탄)
	인형 단추눈 : 8mm 검은색 2개(크림&화이트)
	인형 코 : 12mm 검은색 1개(공통)
도 구	코바늘 4/0호

뜨개질 포인트(공통)

각 부분을 뜬 후, 귀를 제외한 나머지 부분에 합성솜을 넣는다. 머리에 눈을 단다(블랙탄에는 눈썹을 수놓는다). 입에 코를 달고, 머리에 입과 귀를 감침질로 단다. 몸의 마지막 단에 남은 실을 꿴 후 잡아당겨 오므린다. 머리도 같은 방법으로 오므린 후, 몸에 감침질로 단다. 블랙탄은 몸에 다리와 꼬리를 감침질로 단다. 크림&화이트는 귀와 가슴에 털을 만들어 붙이고, 꼬리를 만들어 감침질로 몸에 달아준다.

머리
크림 & 화이트 … 도안 색 참조
블랙탄 … 검은색

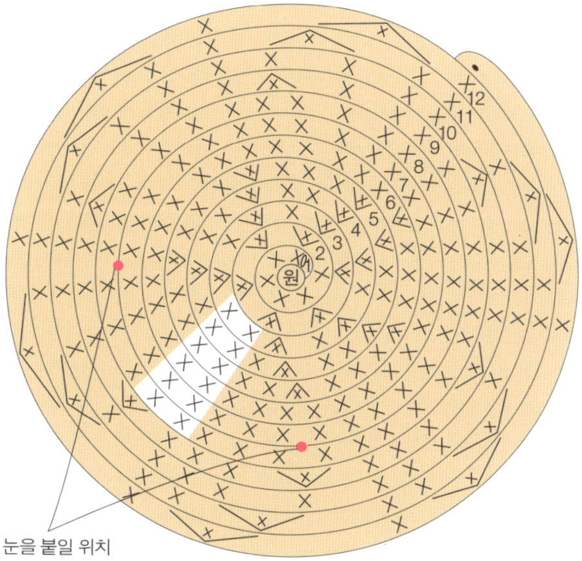

머리

단	콧수	
12	12	(-6코)
11	18	(-6코)
10	24	증감 없이
9	24	(-6코)
8 ~ 6	30	증감 없이
5	30	(+6코)
4	24	(+6코)
3	18	(+6코)
2	12	(+6코)
1	6	

※ 1단째는 둥근코 안에 뜬다

눈을 붙일 위치

1.5 두꺼운 종이 → 묶는다

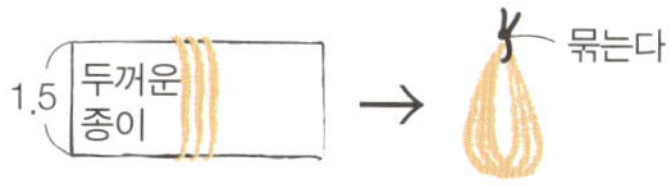

폭 1.5㎝의 두꺼운 종이에, 귀에 매달 실을 3번 감고 종이에서 빼낸 후 묶는다(10묶음).
가슴의 털은 5번 감는다(2묶음).
꼬리는 폭 2㎝의 두꺼운 종이에 10번 감는다

다리
크림 & 화이트 … 2단 = 흰색　3~7단 = 베이지
블랙탄 … 도안 색 참조

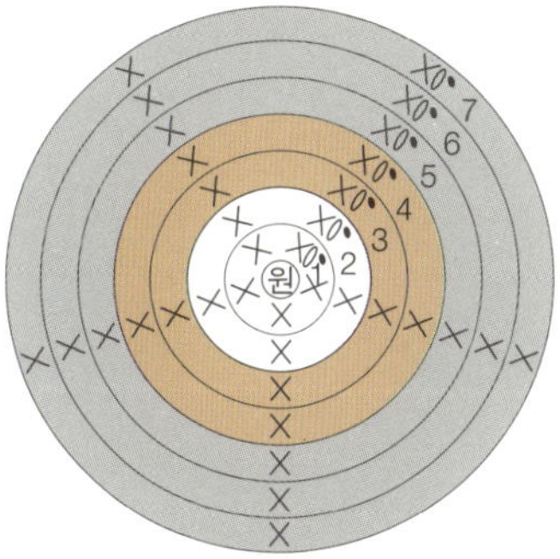

다리 4장

단	콧수	
7 ~ 2	5	증감 없이
1	5	

※ 1단째는 둥근코 안에 뜬다

몸
크림 & 화이트 … 베이지
블랙탄 … ⊠ = 흰색　☒ = 검은색

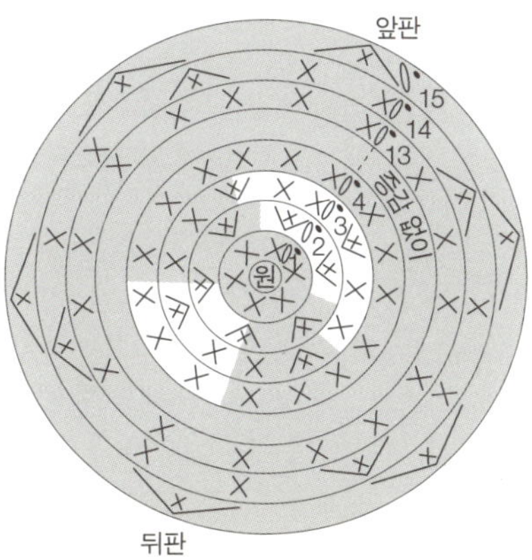

앞판

뒤판

몸

단	콧수	
15	6	(-6코)
14	12	(-4코)
13 ~ 4	16	증감 없이
3	16	(+4코)
2	12	(+6코)
1	6	

※ 1단째는 둥근코 안에 뜬다

귀의 8단째
귀의 1단째
귀의 3단째
귀의 5단째
귀의 7단째
머리 아래에 2묶음
몸의 14단째

머리의 5~6단째
머리의 7~10단째
몸의 14~15단째
몸의 3~7단째
몸의 3~5단째
몸의 14단째

(8코)
머리의 2~6단째
머리의 7단째

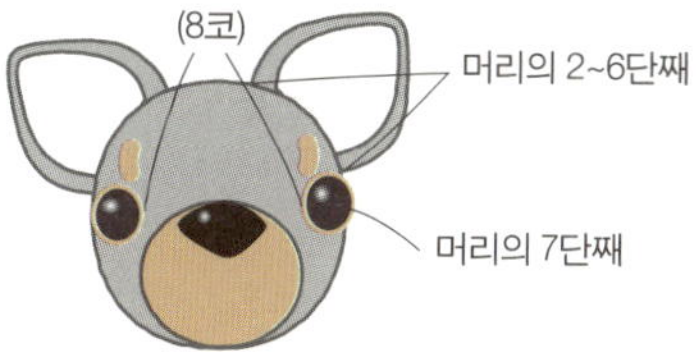

일반적인 시작코 만들기 간단하고 실도 낭비하지 않는 시작코

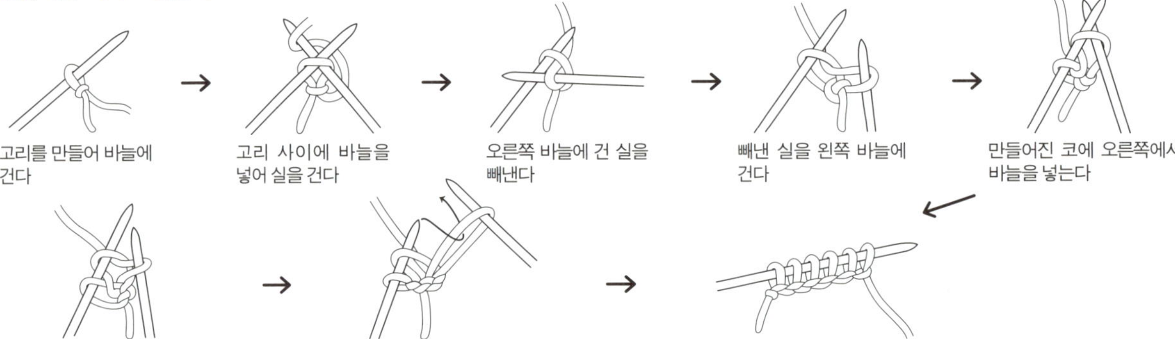

고리를 만들어 바늘에 건다

고리 사이에 바늘을 넣어 실을 건다

오른쪽 바늘에 건 실을 빼낸다

빼낸 실을 왼쪽 바늘에 건다

만들어진 코에 오른쪽에서 바늘을 넣는다

실을 걸어서 코를 빼낸다. 이때, 앞코가 작아지지 않게 주의한다

오른쪽 바늘의 고리를 왼쪽 바늘에 건다

필요한 콧수가 될 때까지 만든다. 바늘이 시작코 안에서 잘 움직여야 한다

| 겉뜨기 — 이 뜨개방법을 겉뜨기 또는 메리야스뜨기라고 한다

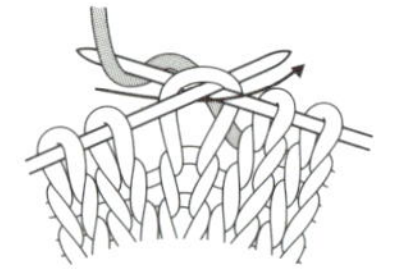

실을 뒤에 두고, 앞에서 오른쪽 바늘을 왼쪽 바늘의 코에 넣는다. 오른쪽 바늘에 실을 걸어 화살표 방향으로 빼낸다

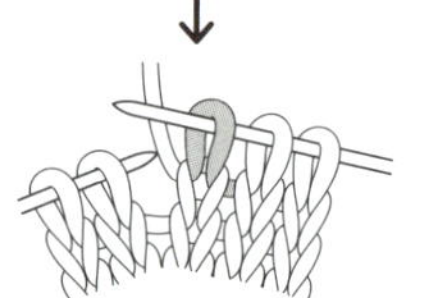

오른쪽 바늘을 빼내면서 왼쪽 바늘에서 코를 뺀다

— 안뜨기 — 이 뜨개방법을 안뜨기 또는 안메리야스뜨기라고 한다

실을 앞에 두고, 왼쪽 바늘 코의 맞은편에서 오른쪽 바늘을 넣는다. 오른쪽 바늘에 실을 걸어 화살표 방향으로 빼낸다

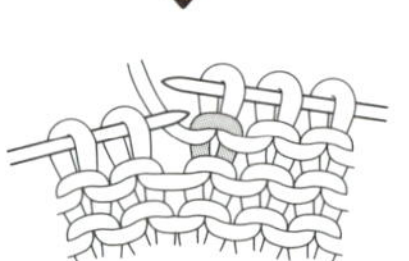

오른쪽 바늘을 빼내면서 왼쪽 바늘에서 코를 뺀다

O 걸기코(바늘비우기) — 구멍무늬, 단춧구멍 등에 사용한다

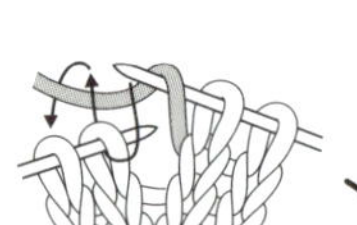

오른쪽 바늘에 실을 걸고, 다음 코에 오른쪽 바늘을 넣어 1코를 뜬다

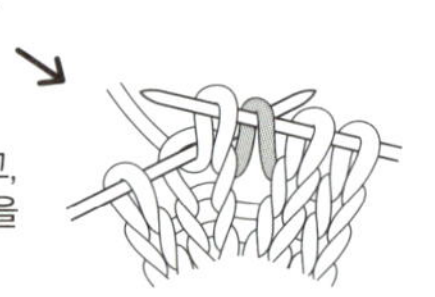

1코를 뜬 모습

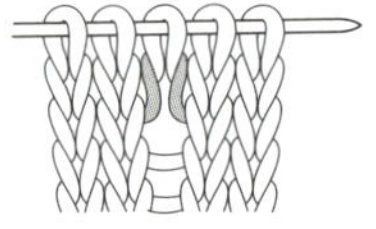

다음 단을 뜨면 걸기코를 한 곳에 구멍이 생긴다

⋋ 오른코 겹치기

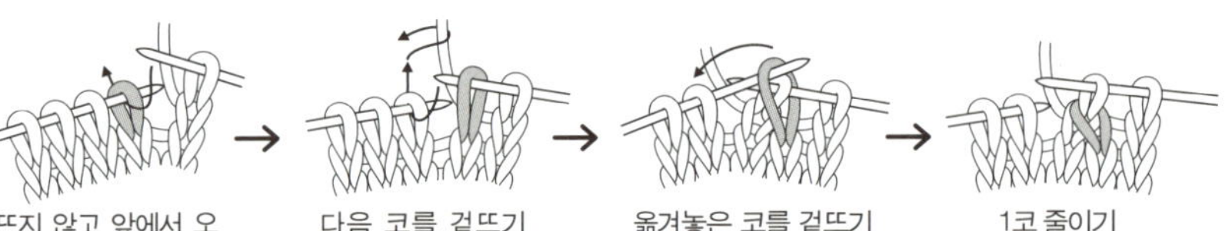

뜨지 않고 앞에서 오른쪽 바늘로 옮긴다

다음 코를 겉뜨기로 뜬다

옮겨놓은 코를 겉뜨기 한 코에 덮어씌운다

1코 줄이기

안뜨기의 경우

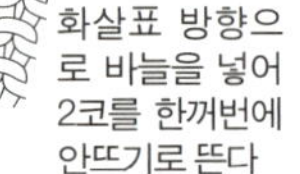

코를 앞뒤로 바꾸어 놓은 상태

화살표 방향으로 바늘을 넣어 2코를 한꺼번에 안뜨기로 뜬다

⋌ 왼코 겹치기

2코에 앞에서 한꺼번에 바늘을 넣는다

실을 걸어 뜬다

1코 줄이기

안뜨기의 경우

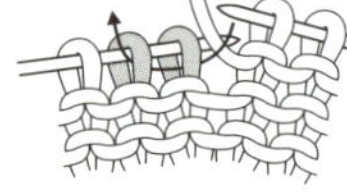

오른쪽 바늘로 왼쪽 2코를 한꺼번에 잡아 안뜨기를 한다. 겉에서 보면 겉뜨기한 단과 똑같아 보인다

 **중심3코 모아뜨기** – 걸기코와 마찬가지로 구멍무늬에 사용한다

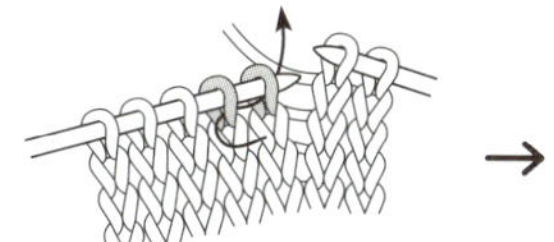

왼쪽 2코에 화살표 방향으로 오른쪽 바늘을 넣은 다음, 뜨지 않고 오른쪽 바늘로 옮긴다

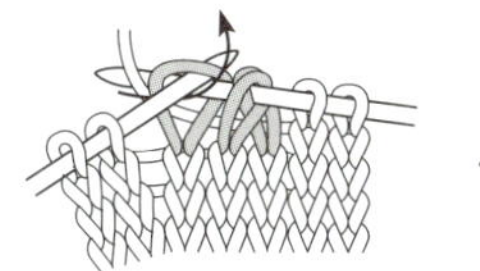

다음 코에 오른쪽 바늘을 넣어 겉뜨기로 뜬다

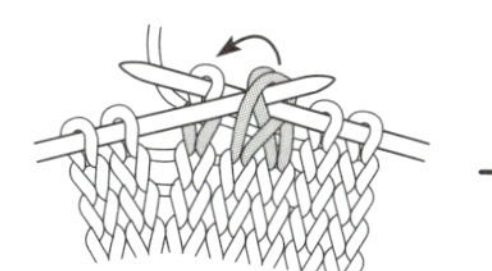

옮겨놓은 2코를 겉뜨기 한 코에 덮어씌운다

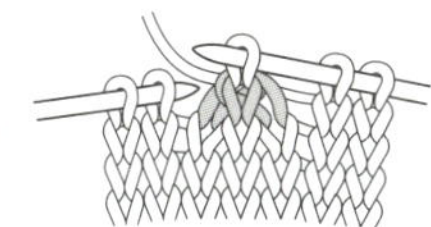

2코 줄이기

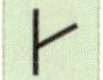 **오른코 늘리기**

왼쪽 바늘의 1단 아래쪽 코에 화살표 방향으로 오른쪽 바늘을 넣는다

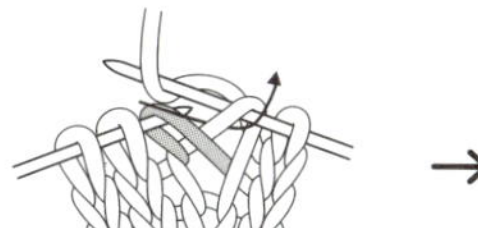

실을 걸어 겉뜨기로 뜬다

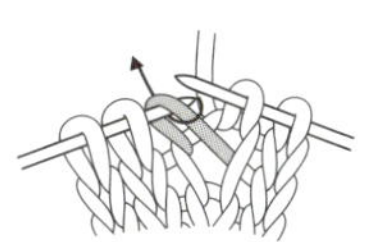

왼쪽 바늘에 걸려 있는 코를 겉뜨기로 뜬다

1코 늘리기

 **왼코 늘리기**

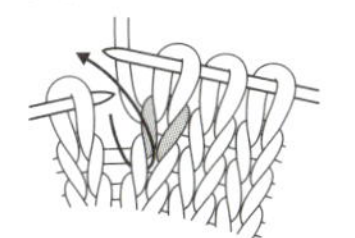

오른쪽 바늘의 2단 아래쪽 코에 맞은 편에서 앞쪽으로 바늘을 넣는다

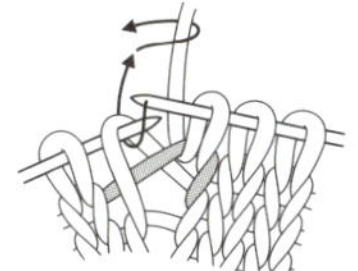

실을 걸어 겉뜨기로 뜬다

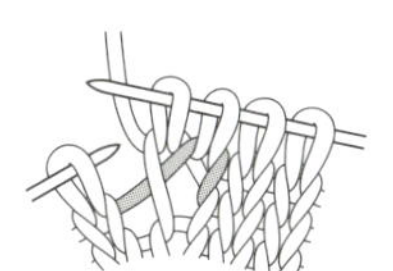

1코 늘리기

 **감아코 만들기(2코 이상 코 늘리기)** – 실이 있는 쪽에서 코를 늘리므로 좌우로 1단의 차이가 생긴다

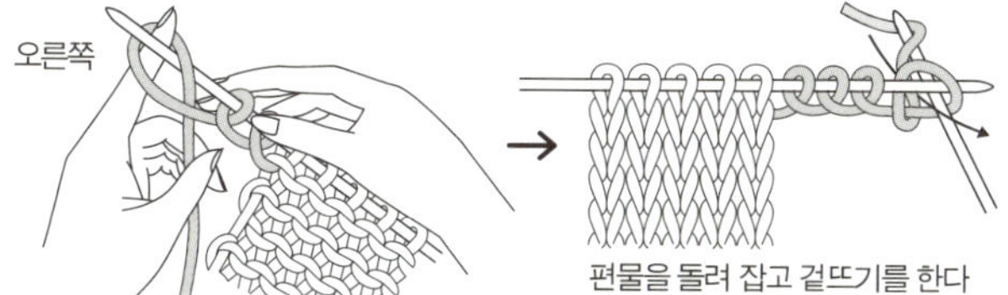

편물을 돌려 잡고 겉뜨기를 한다

편물을 돌려 잡는다. 끝의 코는 안뜨기를 할 수 없으므로 겉뜨기를 한 후, 다음 코부터 안뜨기를 한다

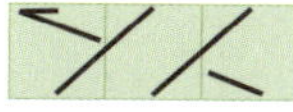 **오른쪽위 2코와 1코 교차뜨기**(아래에 오는 1코는 안뜨기코)

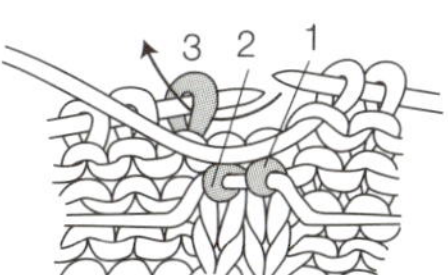

1과 2의 코를 꽈배기바늘에 옮겨서 앞에 놓고, 3의 코에 바늘을 넣어 안뜨기로 뜬다

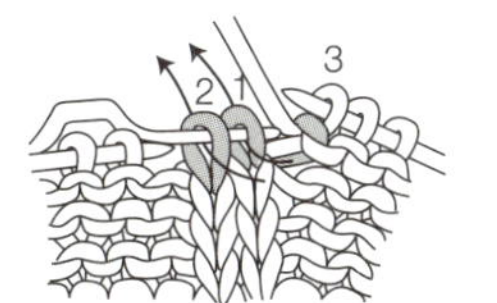

꽈배기바늘에 끼운 상태로 1과 2의 코를 겉뜨기로 뜬다

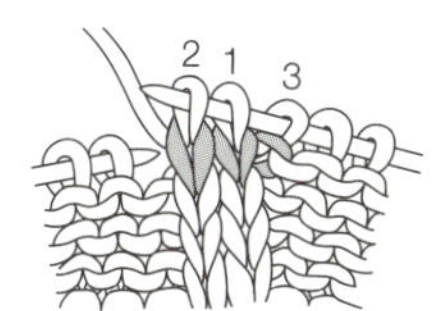

오른쪽위 2코와 1코 교차뜨기의 완성 모습

 **왼쪽위 2코와 1코 교차뜨기**(아래에 오는 1코는 안뜨기코)

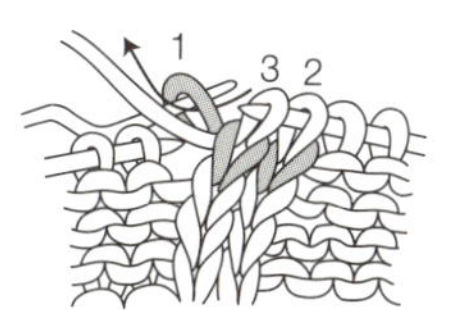

1의 코를 꽈배기바늘에 옮겨서 뒤에 놓고, 2와 3의 코에 화살표 방향으로 바늘을 넣어 겉뜨기로 뜬다

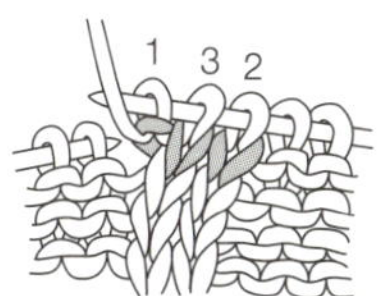

옮겨놓은 1의 코를 꽈배기바늘에 끼운 상태로 안뜨기로 뜬다

왼쪽위 2코와 1코 교차뜨기의 완성 모습

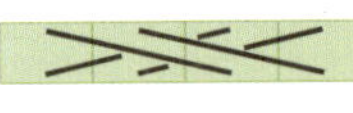

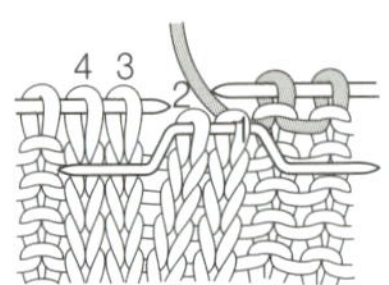

1, 2의 코를 꽈배기바늘에
옮긴 다음, 앞에 놓는다

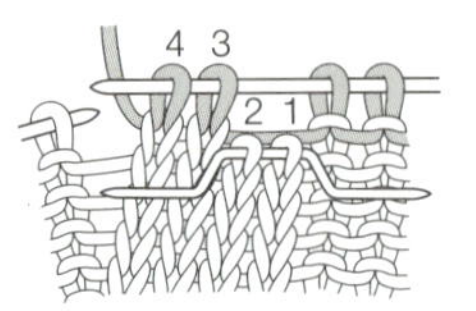

3, 4의 코를 뜬다

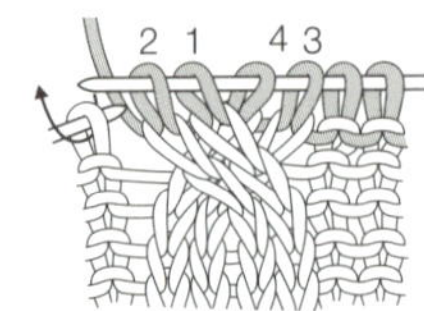

꽈배기바늘에 옮긴 1, 2의
코를 뜬다

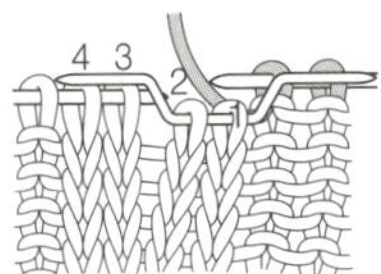

1, 2의 코를 꽈배기바늘에
옮긴다

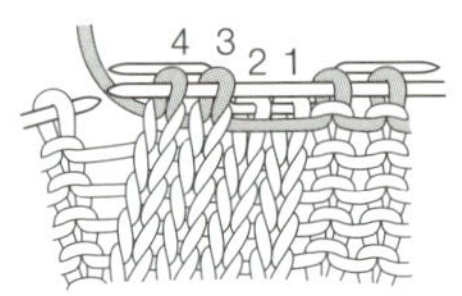

1, 2의 코를 뒤에 놓고 3, 4
의 코를 뜬다

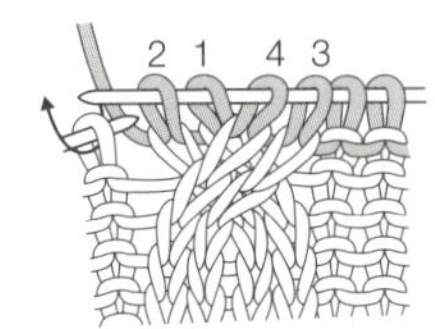

꽈배기바늘에 옮긴 1, 2의
코를 뜬다

안쪽면에 실이 지나가는 배색뜨기의 뜨개방법

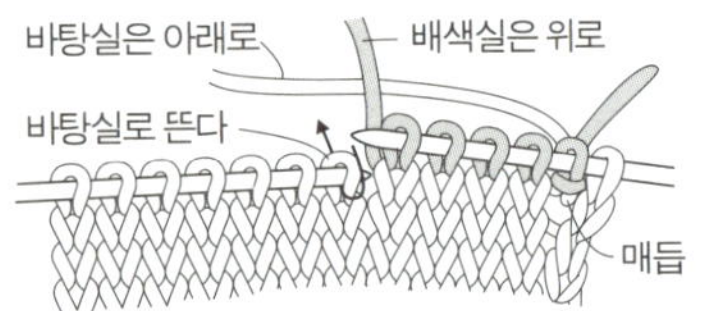

배색실은 매듭지어 오른쪽 바늘에 끼운 후 뜨면,
코가 느슨하지 않다. 매듭은 다음 단에서 푼다

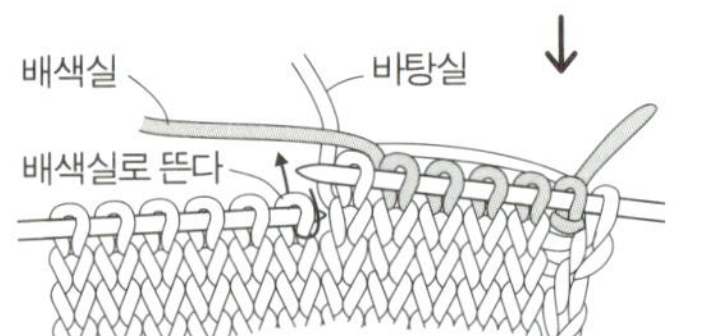

안쪽에 지나가는 실은 편물이 자연스럽게 펼쳐
지도록 지나가야 한다

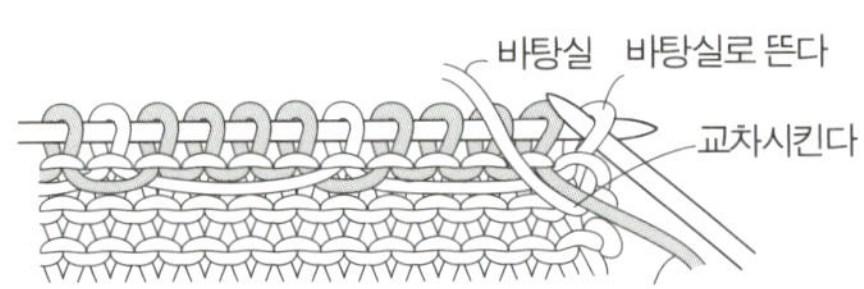

편물을 돌려 잡으면, 뜨개단은 반드시 실
을 교차시킨 후에 뜬다

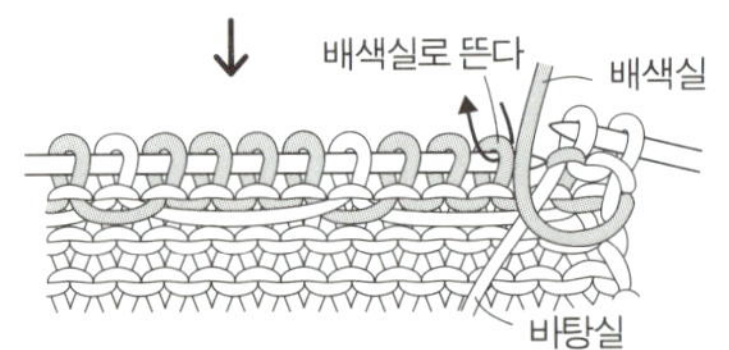

배색실을 바탕실의 위에 두고 뜬다. 실이 지나
가는 방향의 위아래는 항상 일정해야 한다

왼쪽 끝이 겉뜨기 2코인 경우

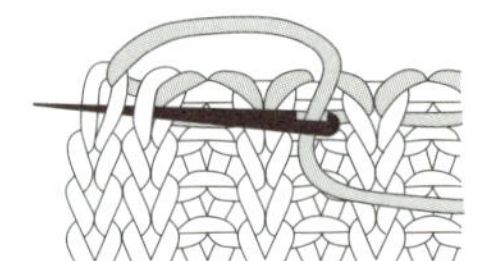

1코고무뜨기 코막음(평뜨기의 경우)

1의 코는 앞에서, 2의 코는 뒤에서 바
늘을 넣는다

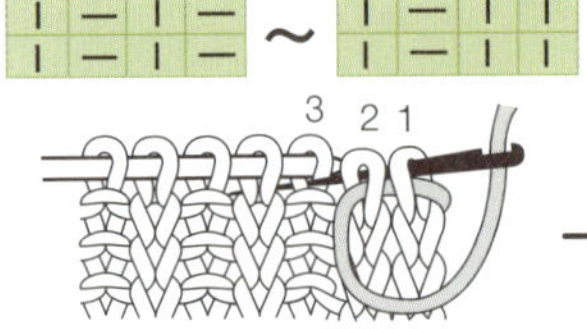

1의 코로 돌아와서 앞에서 바늘을 넣
어, 3의 코 뒤로 바늘을 빼낸다

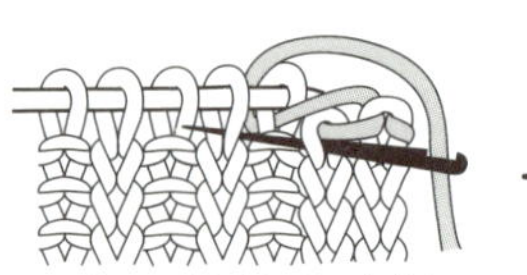

2의 코로 돌아온다. 여기부
터 겉뜨기코끼리, 안뜨기코
끼리 바늘을 넣는다

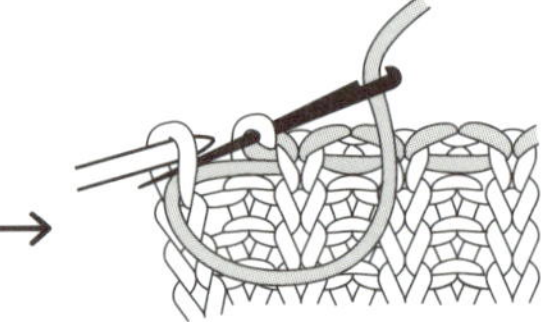

왼쪽 끝의 안뜨기코와 겉
뜨기코에 그림처럼 바늘을
넣는다

1코고무뜨기 코막음(원통뜨기의 경우)

1의 코를 건너뛰고 2의 코 앞에서 바
늘을 넣어 뺀 후, 1의 코로 돌아와서
앞에서 바늘을 넣어 3의 코로 빼낸다

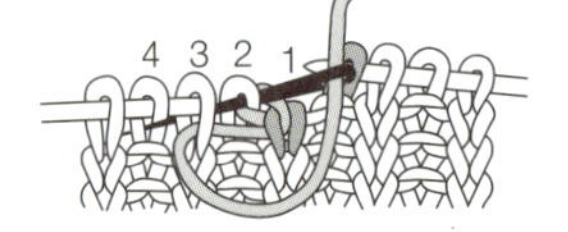

2의 코로 돌아와서 뒤에서 바늘을 넣
어 4의 코 뒤로 빼낸다. 이 다음은 평
뜨기의 1코고무뜨기 코막음과 같다

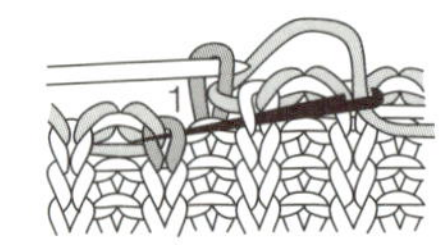

뜨기끝의 겉뜨기코에 앞에
서 바늘을 넣어, 1의 코로
바늘을 빼낸다

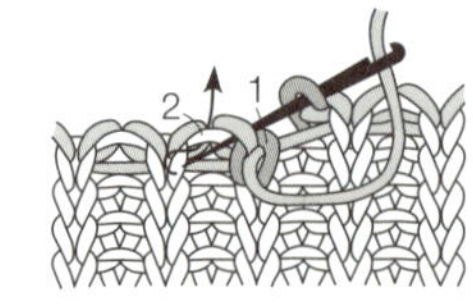

뜨기끝의 안뜨기코에 뒤에서 바
늘을 넣어, 그림처럼 실을 통과
시킨 후, 한번 더 화살표 방향을
따라 2의 안뜨기코로 빼낸다

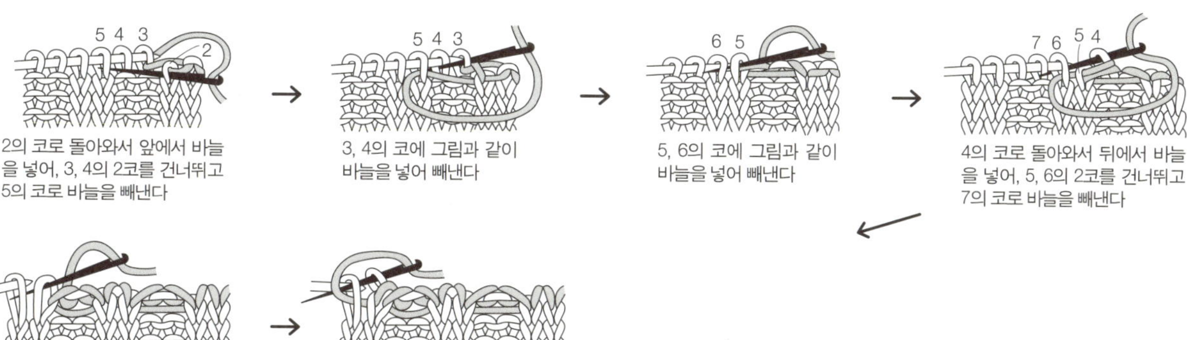

2의 코로 돌아와서 앞에서 바늘을 넣어, 3, 4의 2코를 건너뛰고 5의 코로 바늘을 빼낸다

3, 4의 코에 그림과 같이 바늘을 넣어 빼낸다

5, 6의 코에 그림과 같이 바늘을 넣어 빼낸다

4의 코로 돌아와서 뒤에서 바늘을 넣어, 5, 6의 2코를 건너뛰고 7의 코로 바늘을 빼낸다

끝의 겉뜨기코 2코는 그림과 같이 바늘을 넣어 빼낸다

안뜨기코와 끝의 겉뜨기코에 바늘을 넣어 빼낸다

코막음

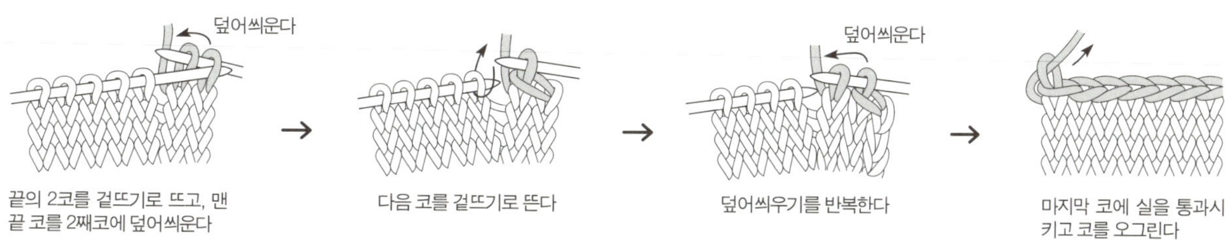

덮어씌운다

끝의 2코를 겉뜨기로 뜨고, 맨 끝 코를 2째코에 덮어씌운다

다음 코를 겉뜨기로 뜬다

덮어씌운다

덮어씌우기를 반복한다

마지막 코에 실을 통과시키고 코를 오그린다

빼뜨기로 잇기(코바늘로 잇기) — 잇는 코를 확실하게 이어주고, 편물을 펼친 모양이 뒤틀리지 않는다

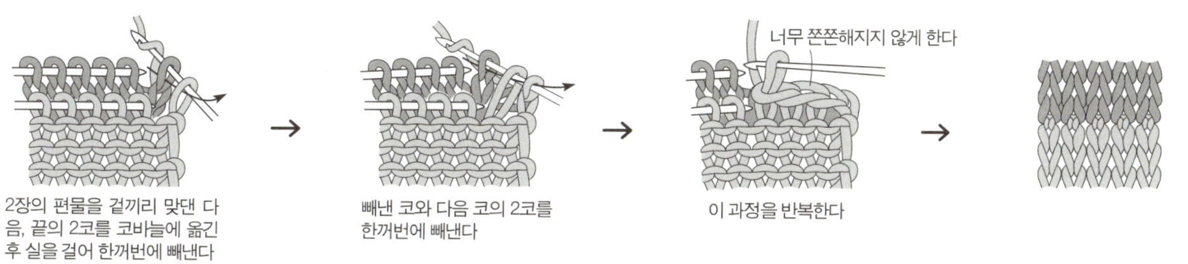

너무 쫀쫀해지지 않게 한다

2장의 편물을 겉끼리 맞댄 다음, 끝의 2코를 코바늘에 옮긴 후 실을 걸어 한꺼번에 빼낸다

빼낸 코와 다음 코의 2코를 한꺼번에 빼낸다

이 과정을 반복한다

꿰매기

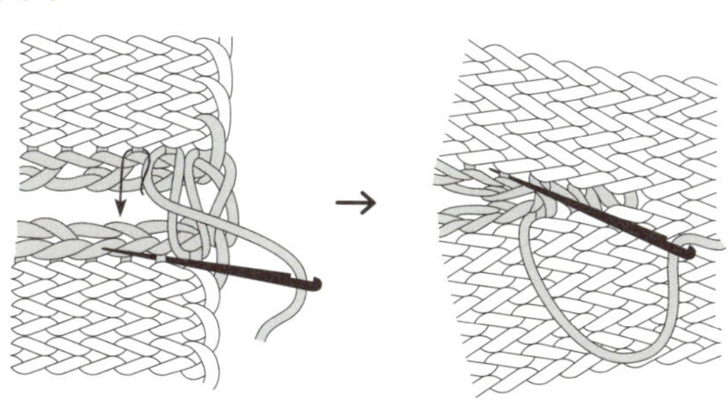

끝코와 2째코 사이의 가로실을 1단 (1가닥)씩 번갈아 걸어서 잇는다

꿰매는 실을 1단씩 잡아당기면 깔끔하게 완성된다

단과 코 잇기

편물은 보통 단수가 콧수보다 많으므로, 그 차이를 평균으로 나누어 1코당 2단씩 잇는다

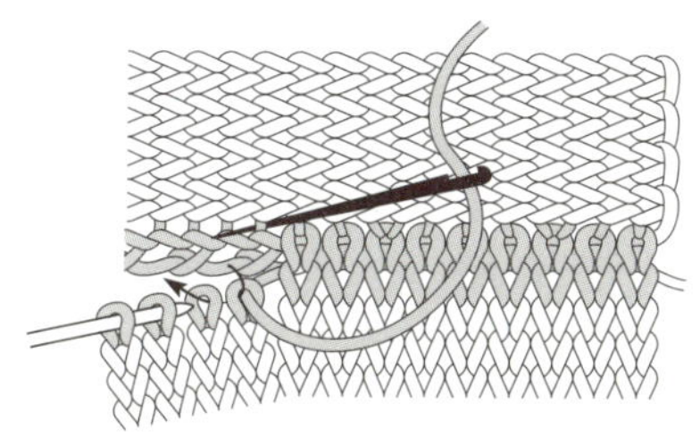

원형뜨기의 시작코 실로 이중의 고리를 만들어 시작하는 방법

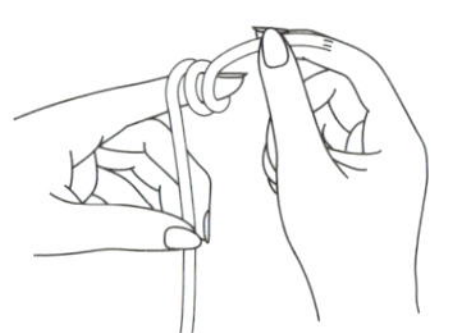
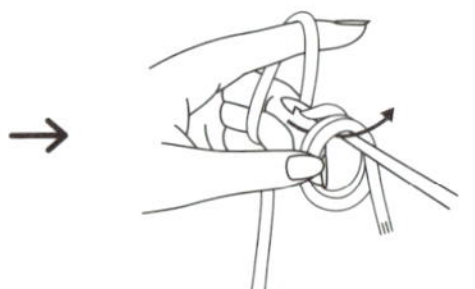
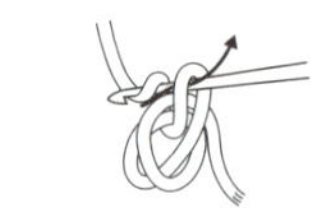

손가락에 실을 2번 감는다

고리를 빼낸 후, 실 끝을 왼손 엄지와 중지로 바꿔 잡는다. 고리 안에 바늘을 넣고, 실을 걸어 빼낸다

한번 더 실을 걸어 빼낸다

이 처음 코는 콧수에 포함되지 않는다

사슬뜨기

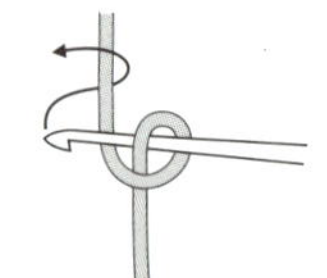
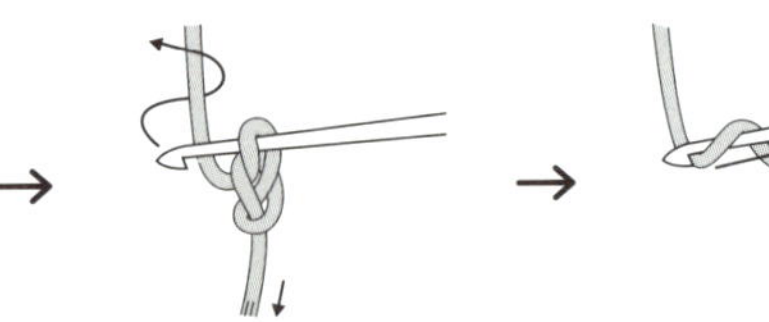
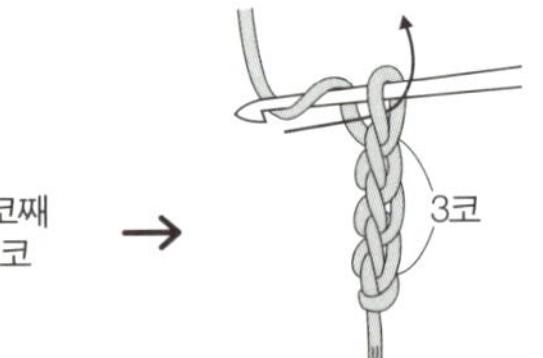

화살표 방향으로 코바늘을 움직여 실을 걸어 고리 사이로 실을 빼낸다

실 끝을 잡아당기면서 코를 당겨 조이고, 화살표 방향으로 실을 건다

처음 코는 굵은 실로 뜨거나 특별한 때를 제외하고는 콧수에 포함되지 않는다

짧은뜨기 — 사슬 1코를 뜬다. 기둥 1코는 콧수에 포함되지 않는다

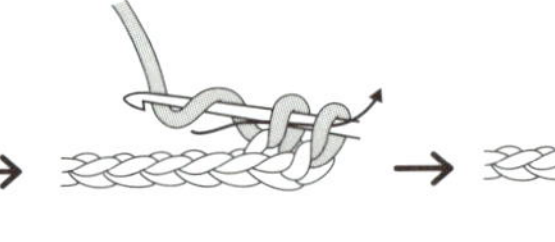
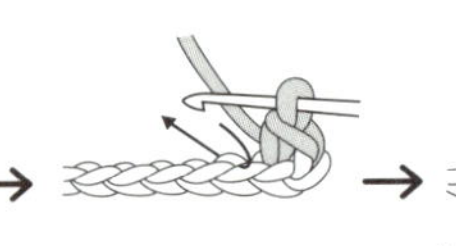
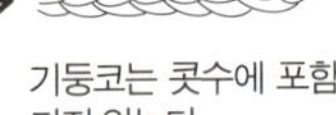

기둥코는 콧수에 포함되지 않는다

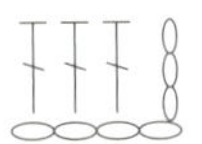

1길긴뜨기 — 사슬 3코를 뜬다. 기둥 3코는 1코로 센다

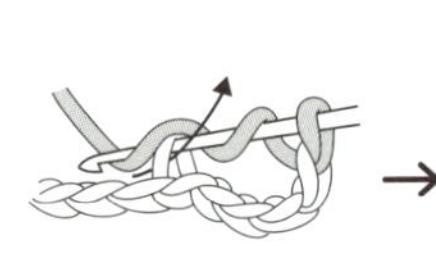
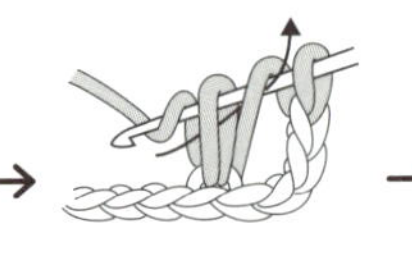
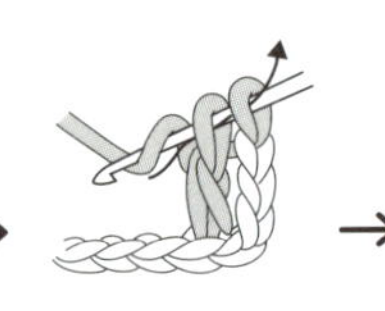
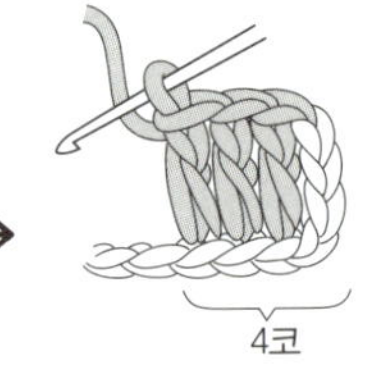

4코

빼뜨기

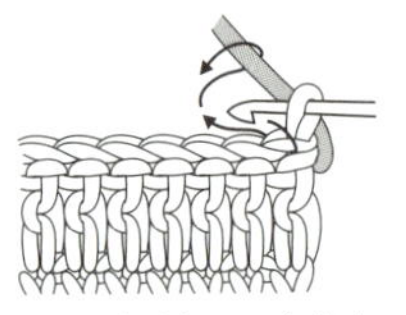
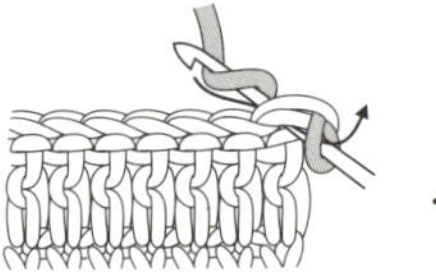
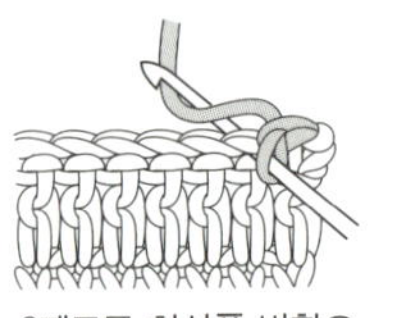
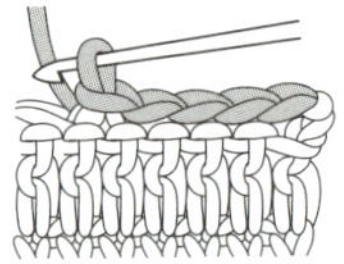

실을 뒤에 놓고, 마지막 뜨개코에 바늘을 넣는다

바늘에 실을 걸어 한번에 빼낸다

2째코도 화살표 방향으로 코바늘을 넣고, 실을 걸어 한꺼번에 빼낸다

 긴뜨기

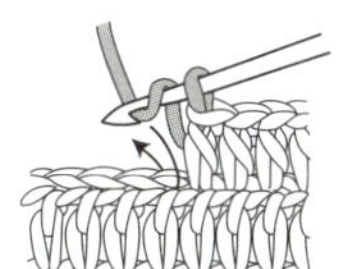
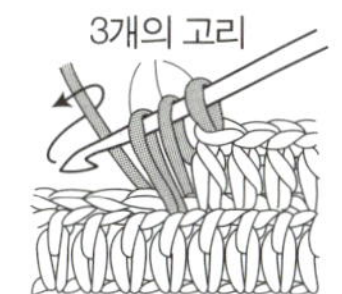
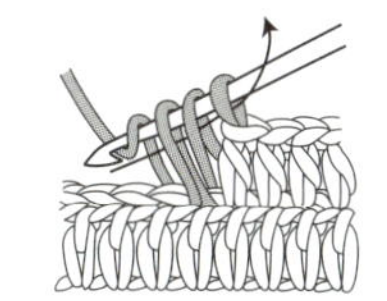
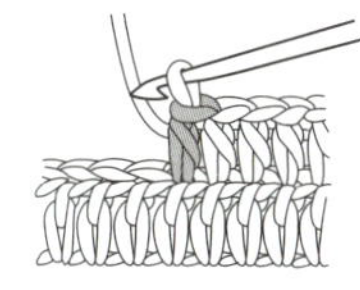

실을 걸고, 아래 코에 바늘을 넣는다

한번 더 바늘에 실을 건다

코바늘에 걸려 있는 3개의 고리를 한꺼번에 빼낸다

 짧은뜨기 2번 1코에서 뜨기

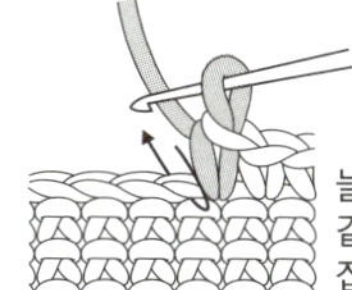
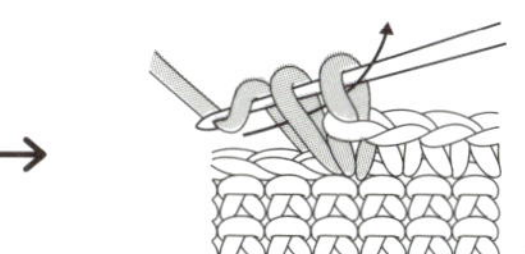
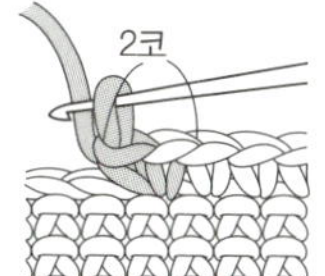

늘리려는 위치의 같은 코에서 실을 잡아 빼낸다

짧은뜨기로 뜬다

1코 늘림

 짧은뜨기 2코 모아뜨기

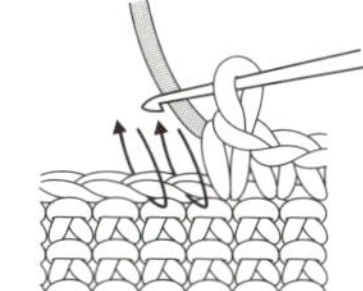
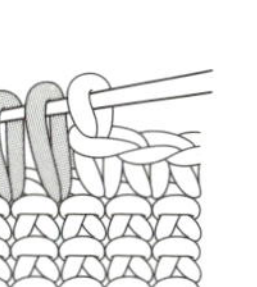
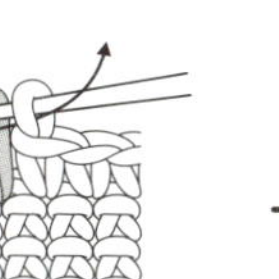

1코째에서 실을 잡아 빼낸 후, 다음 코에서도 실을 잡아 빼낸다

코바늘에 실을 걸어 3코를 한꺼번에 빼낸다

1코 줄임

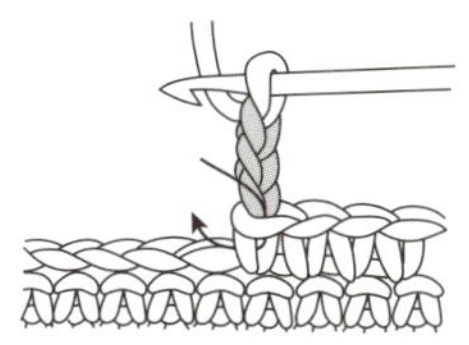
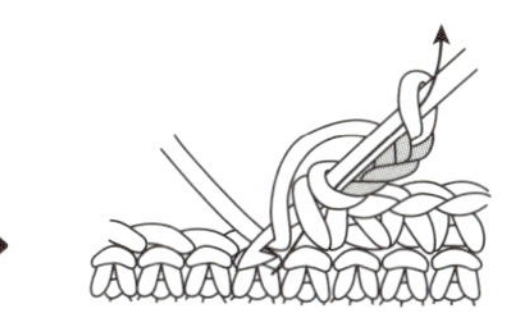
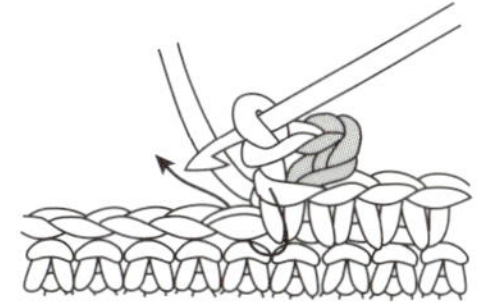
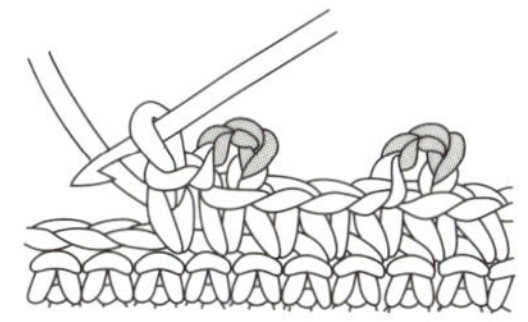

사슬 3코를 뜬 다음, 짧은뜨기에 바늘을 넣는다

바늘에 실을 걸고 한꺼번에 빼낸다

다음 코에 짧은뜨기를 뜬다

피코뜨기 — 사슬 3~5코로 빼뜨기 없이 고리를 만든다

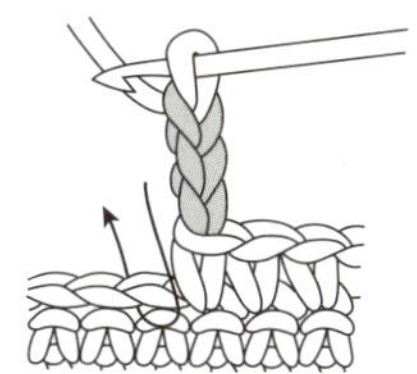
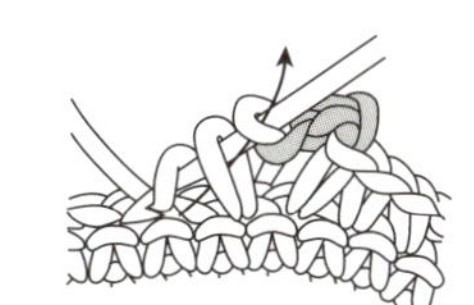
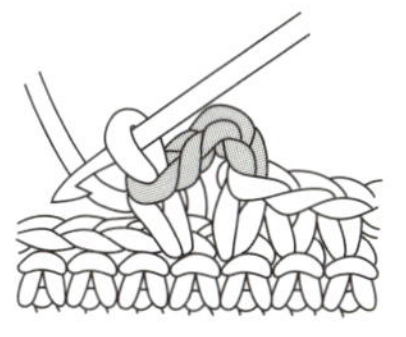

사슬 3코를 뜬 다음, 다음 코에 바늘을 넣는다

짧은뜨기로 뜬다

Mitsuki Hoshi

1999년부터 독학으로 손뜨개를 배우기 시작하였다. 친구가 보여준 손뜨개 작가의 책에서 영향을 받아, 음식에서 동물에 이르기까지 무엇이든지 털실로 표현해내는 손뜨개 작가를 지향하고 있다. 2002년부터 강아지를 위한 손뜨개 사이트를 개설하여 손뜨개 인형을 중심으로 제작하고 있으며, 손뜨개 인형 교실도 열고 있다.

http://hoshi-mitsuki.com/

Yoko Imamura

니트 디자이너 겸 화가. 1985년부터 오리지널 니트의 주문제작을 시작하였다. 1989~2001년까지 미국의 아트스쿨에서 미술 전반과 다양한 공예를 배웠다. 홈페이지와 소품숍에서 작품을 발표하고 있고, 앞으로 니트 살롱과 니트 교실도 열 예정이다.

http://www.14.ocn.ne.jp/~yokoimam/

두 사람은 같은 니트숍에서 작품을 발표하다가 친해졌으며, 작가로서 서로 인정해주는 과정에서 의기투합하였다. '손뜨개 강아지 인형'을 좋아하는 팬들을 위해 제대로 된 강아지 니트웨어를 만들고 싶다는 미츠키 호시의 아이디어로 함께 작업하게 되었다.

번역_ **김수연**

한양대학교 일본언어·문화학과 졸업. 일본 도카이[東海]대학교 어학 연수. 번역 아카데미 출판 입문·실전반을 수료하고, 현재 일본어 전문 통번역가로 활동 중. 번역서 『처음 시작하는 코바늘 뜨개질』, 『처음 시작하는 자수』, 『자수도안집』, 『톡톡 튀는 냥이's 아이디어 소품 DIY』 등이 있다.

작은 강아지를 위한 스웨터&소품
DOG'S SWEATER&GOODS 24

펴낸이 ┃ 유재영	출판등록 ┃ 1987년 11월 27일 제10-149
펴낸곳 ┃ 그린홈	
지은이 ┃ 미츠키 호시·요코 이마무라	주소 ┃ 121-884 서울 마포구 토정로 53 (합정동)
옮긴이 ┃ 김수연	전화 ┃ 324-6130, 324-6131 · 팩스 ┃ 324-6135
기 획 ┃ 이화진	E-메일 ┃ dhsbook@hanmail.net
편 집 ┃ 나진이	홈페이지 ┃ www.donghaksa.co.kr
디자인 ┃ 임수미	www.green-home.co.kr

1판 1쇄 ┃ 2010년 11월 13일 　　ISBN 978-89-7190-328-5 13590
1판 4쇄 ┃ 2015년 1월 21일 　　● 잘못된 책은 바꾸어 드립니다.

Green Home 은 자연과 함께 하는 건강한 삶, 반려동물과의 감성 교류, 내 몸을 위한 치유 등
지친 현대인의 생활에 활력을 주고 마음을 힐링시키는 자연주의 라이프를 추구합니다.